现代园林景观设计与创新

李宪峰　曹建芳◎著

吉林科学技术出版社

图书在版编目（CIP）数据

现代园林景观设计与创新 / 李宪峰，曹建芳著. --
长春：吉林科学技术出版社, 2023.5
ISBN 978-7-5744-0528-8

Ⅰ. ①现… Ⅱ. ①李… ②曹… Ⅲ. ①园林设计－景
观设计－研究 Ⅳ. ①TU986.2

中国国家版本馆 CIP 数据核字(2023)第 103791 号

现代园林景观设计与创新

XIANDAI YUANLIN JINGGUAN SHEJI YU CHUANGXIN

作　　者	李宪峰　曹建芳
出 版 人	宛　霞
责任编辑	乌　兰
幅面尺寸	185 mm×260mm
开　　本	16
字　　数	262 千字
印　　张	11.5
版　　次	2023 年 5 月第 1 版
印　　次	2023 年 5 月第 1 次印刷

出　　版　吉林科学技术出版社
发　　行　吉林科学技术出版社
地　　址　长春市净月区福祉大路 5788 号
邮　　编　130118
发行部电话/传真　0431-81629529　81629530　81629531
　　　　　　　　　　81629532　81629533　81629534

储运部电话　0431-86059116

编辑部电话　0431-81629518

印　　刷　北京四海锦诚印刷技术有限公司

书　　号　ISBN 978-7-5744-0528-8
定　　价　70.00 元

前　言

　　园林是我国传统文化中的一种艺术形式，主要通过地形、山水、建筑群、植物等作为载体来衬托人类对精神文化的追求。而园林景观在城市规划中为城市的生态环境起着调节气候和美化空间载体的作用。一方面，可以防风沙，净化空气，保护水土不流失，降低噪声，美化环境，维护生态环境平衡，促进人们身心健康；另一方面，能够有效促进人居生活环境的改善，也是反映城市文明的一种表现形式，从而营造出宜人的、舒适的、安逸的景观表现环境。因而，园林景观在城市规划中占有不可忽视的重要地位。

　　现代园林景观对人们身心健康的影响日趋重要，它是一种能够反映社会进步程度、市民生活水平及消费水平、城市面貌等各种特点的艺术门类。从古至今，园林景观设计都体现了每个时代的不同风貌，具有较强的时代性和较高的审美价值。随着社会经济的发展及生活水平的提高，园林景观已经逐渐深入到人们的生活中，从日常起居到生活工作，大到大型公园的规划与设计，小到路边园林景观小品的设计与摆放，园林景观设计已经真正走进人们的生活，并呈逐渐深入的状态。

　　本书是现代园林景观设计与创新方向的著作，从现代园林景观设计概论介绍入手，针对园林景观设计概念、园林景观设计特征、园林景观设计类型进行了分析研究；另外对现代园林景观艺术、要素与程序、园林景观空间设计做了一定的介绍；还剖析了现代园林植物景观设计、建筑与小品设计、绿地设计等内容。旨在摸索出一条适合园林景观设计与创新的科学道路，帮助其工作者在应用中少走弯路，运用科学方法，提高效率。对现代园林景观设计与创新研究有一定的借鉴意义。

　　在本书写作的过程中，参考了许多资料及其他学者的相关研究成果，在此表示由衷的感谢。鉴于时间较为仓促，水平有限，书中难免出现一些谬误之处，因此，恳请广大读者、专家学者能够予以谅解并及时进行指正，以便后续对本书做进一步的修改与完善。

目 录

第一章
现代园林景观设计概论

第一节　园林景观设计概述

一、园林景观设计的概念

景观（Landscape）一词原指"风景""景致"。17 世纪，随着欧洲自然风景绘画的繁荣，景观成为专门的绘画术语，专指陆地风景画。

在现代，景观的概念更加宽泛，加入了园林的广义范畴。地理学家把它看成一个科学名词，定义为一种地表景象；生态学家把它定义为生态系统或生态系统的系统；旅游学家把它当作一种资源来研究；艺术家把它看成表现与再现的对象；建筑师把它看成建筑物的配景或背景；园林景观开发商则把它看成是城市的街景立面、园林中的绿化、小品和喷泉叠水等。因而一个更广泛而全面的定义是，园林景观是人类环境中一切视觉事物的总称，它可以是自然的，也可以是人为的。

园林景观是一门相互关系的艺术，也就是说，视觉事物之间构成的空间关系是一种园林景观艺术。比如，一座建筑是建筑，两座建筑则是景观，它们之间的"相互关系"则是一种和谐、秩序之美。

园林景观作为人类视觉审美对象的定义，一直延续到现在，但定义背后的内涵和人们的审美态度则有了一些变化。从最早的"城市景色、风景"到"对理想居住环境的图绘"，再到"注重内在人的生活体验"。现在，我们把园林景观作为生态系统来研究，研究人与人、人与自然之间的关系。因此，园林景观既是自然景观，也是文化景观和生态景观。

从设计的角度来谈景观，则带有更多的人为因素，这有别于自然生成的景观。园林景观设计是对特定环境进行的有意识的改造行为，从而创造具有一定社会文化内涵和审美价值的景物。

园林景观设计对景观设计提出了更高的艺术要求，它以艺术设计学的设计方法为基础对景观设计进行研究，艺术的形式美及设计的表现语言一直贯穿于整个景观设计的过程中。园林景观设计属于环境设计的范畴，是以塑造建筑外部空间的视觉形象为主要内容的艺术设计。它的设计对象涉及自然生态环境、人工建筑环境、人文社会环境等各个领域，它是依据自然、生态、社会、行为等科学的原则从事规划与设计，按照一定的公众参与程序来创作，融合于特定公众环境的艺术作品，并以此来提升、陶冶和丰富公众审美经验的艺术。园林景观设计是一个充分控制人的生活环境品质的设计过程，也是一种改善人们使用与体验户外空间的艺术。

园林景观设计是一门综合性和边缘性很强的学科，其内容不但涉及艺术、建筑、园林和城市规划学，而且与地理学、生态学、美学、环境心理学、文化学等多种学科相关。它吸收了这些学科的研究方法和成果，例如，设计概念以城市规划专业总揽全局的思维方法为主导；设计系统以艺术与建筑专业的构成要素为主体；环境系统以园林景观专业所涵盖的内容为基础。园林景观设计是一门集艺术、科学、工程技术于一体的应用学科，因此，它需要设计者具备与此相关的诸多学科的广博知识。

园林景观设计的形成和发展，是时代赋予的使命。城市的形成是人类改变自然景观、重新利用土地的结果。但是这一过程中，人类不尊重自然，肆意破坏地表、气流、水文、森林和植被。特别是工业革命以后，建成大量的道路、住宅、工厂和商业中心，使得许多城市变为由柏油、砖瓦、玻璃和钢筋水泥组成的大漠，这些努力建立起来的城市已经离自然景观相去甚远。但随之人类也遭到了报复，因远离大自然而产生的心理压迫和精神桎梏、人满为患、城市热岛效应、空气污染、光污染、噪声污染、水环境污染等，这些都使人类的生存品质不断降低。

二、园林景观设计的特征

（一）多元化

园林景观设计构成元素和涉及问题的综合性和种类繁多，使它具有多元化特点，这种多元性体现在与设计相关的自然因素、社会因素的复杂性，以及设计目的、设计方法、实施技术等方面的多样性上。

与园林景观设计有关的自然因素包括地形、水体、动植物、气候、光照等自然资源，分析并了解它们彼此之间的关系，对设计的实施非常关键。例如，不同的地形会影响景观的整体格局，不同的气候条件则会影响景观内栽植的植物种类。

社会因素也是造成园林景观设计多元化的重要原因。园林景观是一门艺术，但与纯艺术不同的是，它面临着更为复杂的社会问题和使用问题的挑战，因为现代园林景观设计的服务对象是群体大众。现代信息社会的多元化交流，以及社会科学的发展，使人们对景观的使用目的、空间开放程度和文化内涵的需求有着很大的不同，这些会在很大程度上影响景观的设计形式。为了满足不同年龄、不同受教育程度和不同职业的人对景观环境的感受力，园林景观设计必然会呈现多元化的特点。

（二）生态性

生态性是园林景观设计的第二个特征。无论在怎样的环境中建造，园林景观都与自然发生着密切的联系，这就必然涉及景观与人类、自然的关系问题。在环境问题日益突出的今天，生态性已引起景观设计师的重视，融入水景是必然要素。

把生态理念引入园林景观设计中，就意味着设计要尊重物种多样性，减少对资源的掠夺，保持营养和水循环，维持植物环境和动物栖息地的质量；尽可能地使用再生原料制成的材料，尽可能地将场地上的材料循环使用，最大限度地发挥材料的潜力，减少因生产、加工、运输材料而消耗的能源，减少施工中的废弃物；要尊重地域文化，并且保留当地的文化特点。

例如，生态原则的重要体现就是高效率地用水，减少水资源消耗。因此，园林景观设计项目就须考虑通过利用雨水来解决大部分的景观用水，甚至能够达到完全自给自足，从而实现对城市洁净水资源的零消耗。园林景观设计对生态的追求与对功能和形式的追求同样重要，有时甚至超越了后两者，占据了首要位置。园林景观设计是人类生态系统的设计，是一种基于自然系统自我有机更新能力的再生设计。

（三）时代性

园林景观设计富有鲜明的时代特征，从过去注重视觉美感的中西方古典园林景观，到当今生态学思想的引入，园林景观设计的思想和方法发生了很大变化，也大大影响甚至改变了景观的形象。现代园林景观设计不再仅仅停留于"堆山置石筑池理水"，而是上升到提高人们生存环境的质量和促进人居环境可持续发展的层面上。

在古代，园林景观的设计多停留在花园设计的狭小天地；而今天，园林景观设计介入到更为广泛的环境设计领域，它的范围包括：新城镇的景观总体规划、滨水景观带、公园、广场、居住区、校园、街道及街头绿地，甚至花坛的设计等，几乎涵盖了所有的室外环境空间。如今园林景观设计的服务对象也有了很大不同。古代园林景观是让皇亲国戚、官宦富绅等少数统治阶层享用，而今天的园林景观设计则是面向大众、面向普通百姓，充分体现出一种人性化关怀。

随着现代科技的发展与进步，越来越多的先进施工技术被应用到景观中，人类突破了沙、石、水、木等天然、传统施工材料的限制，开始大量使用塑料制品、光导纤维、合成金属等新型材料来制作景观作品。例如，塑料制品现在已被普遍地应用于公共雕塑、景观设计等方面，而各种聚合物则使轻质的、大跨度的室外遮蔽设计更加易于实现。施工材料和施工工艺的进步，大大增强了景观的艺术表现力，使现代园林景观更富生机与活力。园林景观设计是一个时代的写照，是当代社会、经济、文化的综合反映，这使得园林景观设计带有明显的时代烙印。

第二节　园林景观设计的类型

一、城市公园

城市公园是以绿地为主，具有较大规模和比较完善设施的可供城市居民休息、游览之用的城市公共活动空间。城市公园是城市景观绿地系统中的一个重要组成部分，由政府或公共团体建设经营，供市民游憩、观赏、娱乐，同时是人们进行体育锻炼、科普教育的场地，具有改善城市生态、美化环境的作用。公园一般以绿地为主，常有大片树林，因此又被称为"城市绿肺"。

（一）公园的类型

按照功能内容的不同，公园可分为综合性公园和主题性公园。

1. 综合性公园

综合性公园是指设备齐全、功能复杂的景园，一般有明确的功能分区，一个大园可以包括几个小园，全国各地的大型公园均属于此类。

2. 主题性公园

主题性公园是以某一项内容为主或服务于特定对象的专业性较强的景园，如动物园、植物园、儿童公园、体育公园、森林公园等。

（二）公园设计的要点

1. 公园的布局形式

公园的布局形式有规则式、自然式、混合式三种。规则式布局严谨，强调几何秩序；自然式布局随意，强调山水意境；混合式布局现代，强调景致丰富。无论选择哪种布局形式，都要结合公园自身的地形情况、环境条件和主题项目而定。

2. 功能分区要合理

公园面向大众，人们的活动和使用要求是公园设计的主要目的，因此，公园的功能分区要合理、明确。特别对于综合性公园，常分有文化娱乐区、安静休息区、儿童活动区。

3. 配套设施丰富

无论何种类型的公园，在设计时均要注意完善附属设施，以方便游客。这些设施包括餐厅、小商店、厕所、电话亭、垃圾箱、休息椅、公共标志等。

二、城市街道

城市街道是城市的构成骨架，属于线性空间，将城市划分为大大小小的若干块地，并将建筑、广场、湖泊等节点空间串联起来，构成整个城市景观。人们对街道的感知不仅来源于路面本身，还包括街道两侧的建筑、成行的行道树、广场景色及广告牌、立交桥等，这一系列景物共同形成了街道的整体形象。

街道景观质量的优劣对人们的精神文明有很大影响。对于市民来说，街道景观质量的提高可以增强他们的自豪感和凝聚力。对于外地的旅游者和办公者来说，街道景观代表着整个城市给他们的印象。

城市街道绿化设计是城市街道设计的核心，良好的绿化构成简约、大方、鲜明、开放的景观。除了美化环境外，街道绿化还可调节街道附近地区的湿度、吸附尘埃、降低风速、减少噪声，在一定程度上可改善周围环境的小气候。街道绿化是城市景观绿化的重要组成部分。

（一）街道绿化的设计形式

街道绿化的设计形式有规则式、自然式和混合式三种，要根据街道的环境特色来选用。

规则式的变化通过树种搭配、前后层次的处理、单株和丛植的交替种植来产生，一般变化幅度较小，节奏感较强。

自然式适用于人行道及绿地较宽的地带，较为活泼，变化丰富。

混合式是规则式和自然式相结合的形式。它有两种布置方式：一种是靠近道路边列植行道树，行道树后或树下自然布置低矮灌木和花卉地被；另一种是靠近道路边布置自然式树丛、花丛等，而在远离道路处采用规则的行列式植物。

（二）街道绿化的设计要点

根据我国的《城市道路绿化规划与设计规范》，街道绿化宽度应占道路总宽度的20%~40%。

绿化地种植不得妨碍行人和车行的视线，特别是在交叉路口视距三角形范围内，不能布置高度大于700mm的绿化丛。

街道绿化设计同其他绿化设计一样要遵循统一、调和、均衡、节奏和韵律、尺度和比例这五大原则。在植物的搭配上要体现多样化和个性化相结合的美学思想。

植物的选择要根据道路的功能、走向、沿街建筑的特点，以及当地气候、风向等条件综合考虑，因地制宜地将乔木、灌木、草皮、花卉组合成各种形式的绿化。

行道树种的选择，要求形态美观、耐修剪、适应性和抗污染力强、病虫害少、没有或较少产生污染环境的落花、落果等。

道路休息绿化是城市道路旁供行人短时间游憩用到的小块绿地，可增添城市绿地面积，补充城市绿地不足，是附近居民就近休息和活动的场所。因此，道路休息绿地应以植物种植为主，乔木、灌木和花卉相互搭配，此外，还应提供休息设施，如座椅、宣传廊、亭廊、花架等。街道设施小品和雕塑小品应当摆脱陈旧的观念，强调形式美观、功能多样，设计思想要体现自然、有趣、活泼、轻松，例如，大胆地将电话亭、座椅和标志牌艺术化等。

三、城市广场

城市广场在城市空间环境中最具公共性、开放性、永久性和艺术性，它体现了一个城市的风貌和文明程度，因此又被誉为"城市客厅"。城市广场的主要职能除了提供公众活动的开敞空间外，还有增强市民凝聚力和信心、展示城市形象面貌、体现政府业绩的作用。

（一）广场类型

城市广场按其性质、功能和在城市交通路网中所处的位置及附属建筑物的特征，可分为以下五类：

第一类是集会性广场。集会性广场是用于政治集会、庆典、游行、检阅、礼仪、传统节日活动的广场，如政治广场、市政广场等。它们有强烈的城市标志作用，往往安排在城市中心地带。此类广场的特点是面积较大，多以规划整形为主，交通方便，场内绿地较少，仅沿周边种植绿地。最为典型的是北京天安门广场、上海人民广场等。

第二类是交通广场。交通广场是指有数条交通干道的较大型的交叉口广场，如环形交叉口、桥头广场等。这些广场是城市交通系统的重要组成部分，大多安排在城市交通复杂的地段，和城市主要街道相连。交通广场的主要功能是组织交通，同时也有装饰街景的作用。在绿化设计上，应考虑到交通安全因素，某种地方不能密植高大乔木，以免阻碍驾驶员的视线，因此多以灌木植物做点缀。

第三类是娱乐休闲广场。娱乐休闲广场。在城市中，此类广场的数量最多，主要是为市民提供一个良好的户外活动空间，满足市民节假日的休闲、娱乐、交往的要求。这类广场一般布置在城市商业区、居住区周围，多与公共绿地用地相结合。广场的设计既要保证开敞性，也要有一定的私密性。在地面铺装、绿化、景观小品的设计上，不但要富于趣味，还要能体现所在城市的文化特色。

第四类是商业广场。商业广场指用于集市贸易、展销购物的广场，一般布置在商业中心区或大型商业建筑附近，可连接邻近的商场和市场，使商业活动趋于集中。随着城市重要商业区和商业街的大型化、综合化、步行化，商业广场的作用还体现在能提供一个相对安静的休息场所。因此，它具备广场和绿地的双重特征，并有完善的休息设施。

第五类是纪念广场。纪念广场是指用于纪念某些人物或事件的广场，可以布置各种纪念性建筑物、纪念牌和纪念雕塑等。纪念广场应结合城市历史，与城市中有重大象征意义的纪念物配套设置，便于瞻仰。

（二）广场空间形式

广场的空间形式很多，按平面形状可分为规则广场和不规则广场，按围合程度可分为封闭性广场、半封闭式广场和敞开式广场；按建筑物的位置可分为周边式广场和岛式广场；按设计的地面标高可分为地面广场、上升式广场和下沉式广场。要根据具体使用要求和条件，选择适宜的空间形式来组织城市广场空间，能满足人们活动及观赏的要求。

（三）广场设计的要素

1. 广场铺装

广场应以硬质景观为主，以便有足够的铺装硬地供人活动，因此，铺装设计是广场设计的重点，历史上许多著名的广场因其精美的铺装而令人印象深刻。

广场的铺装设计要新颖独特，必须与周围的整体环境相协调，在设计时应注意以下两点：

（1）铺装材料的选用

材料的选用不能片面追求档次，要与其他景观要素统一考虑。同时，要注意使用的安全性，避免雨天地面打滑，多选用价廉物美、使用方便、施工简单的材料，如混凝土砌块等。

（2）铺装图案的设计

因为广场是室外空间，所以，地面图案的设计应以简洁为主，只在重点部位稍加强调即可。图案的设计应综合考虑材料的色彩、尺度和质感，要善于运用不同的铺装图案来表示不同用途的地面，界定不同的空间特征，也可用以暗示游览前进的方向。

2. 广场绿化

广场绿化是广场景观形象的重要组成部分，主要包括草坪、树木、花坛等内容，常通过不同的配植方法和裁剪整形手段，营造出不同的环境氛围。绿化设计有以下三个要点：

一是要保证不少于广场面积20%比例的绿地，来为人们遮蔽日晒和丰富景观的色彩层次。但要注意的是，大多数广场的基本目的是为人们提供一个开放性的社交空间，那么就要有足够的铺装硬地供人活动，因此，绿地的面积也不能过大，特别是在很多草坪不能上人的情况下就更应该注意。

二是广场绿化要根据具体情况和广场的功能、性质等进行综合设计，如娱乐休闲广场主要是提供在树荫下休息的环境和点缀城市色彩，因此，可以多考虑水池、花坛、花钵等形式；集会性广场的绿化就相对较少，应保证大面积的空白场地以供集会之用。

三是选择的植物种类应符合和反映当地特点，便于养护、管理。

3. 广场水景

广场水景主要以水池（常结合喷泉设计）、叠水、瀑布的形式出现。通过对水的动静、起落等处理手段活跃空间气氛，增加空间的连贯性和趣味性。喷泉是广场水景最常见的形式，它多受声、光、电控制，规模较大、气势不凡，是广场重要的景观焦点。设置水景时应考虑安全性，应有防止儿童、盲人跌撞的装置，周围地面应考虑排水、防滑等因素。

4. 广场照明

广场照明应保持交通和行人的安全，并有美化广场夜景的作用。照明灯具形式和数量的选择应与广场的性质、规模、形状、绿化和周围的建筑物相适应，并注重节能要求。

5. 景观小品

广场景观小品包括雕塑、壁饰、座椅、垃圾箱、花台、宣传栏、栏杆等。景观小品既要强调时代感，也要具有个性美，其造型要与广场的总体风格相一致，协调而不单调，丰富而不凌乱，着重表现地方气息、文化特色。

（四）城市广场景观设计原则

1. 系统性原则

城市广场设计应该根据周围的环境特征、城市现状和总体规划的要求，确定其主要性质和规模，统一规划、统一布局，使多个城市广场相互配合，共同形成城市开放空间体系。

2. 完整性原则

城市广场设计时要保证其功能和环境的完整性。明确广场的主要功能，在此基础上，辅以次要功能，主次分明，以确保其功能上的完整性。广场应该充分考虑它的环境的历史背景、文化内涵、周边建筑风格等问题，以保证其环境的完整性。

3. 生态性原则

现代城市广场设计应该以城市生态环境可持续发展为出发点；在设计中充分引入自然，再现自然，适应当地的生态条件，为市民提供各种活动而创造景观优美、绿化充分、环境宜人、健全高效的生态空间。

4. 特色性原则

城市广场应突出人文特性和历史特性。通过特定的使用功能、场地条件、人文主题，以及园林景观处理塑造广场的鲜明特色。继承城市当地本身的历史文脉，适应地方风情、民俗文化，突出地方建筑艺术特色，增强广场的凝聚力和城市旅游吸引力。城市广场还应突出其地方自然特色，即适宜土地的地形地貌和气温气候等。城市广场应强化地理特征，尽量采用富有地方特色的建筑艺术手法和建筑材料，体现地方园林特色，以适应当地气候条件。

5. 效益兼顾（多样性）原则

不同类型的广场都有一定的主导功能，但是现代城市广场的功能向综合性和多样性延伸，满足不同类型的人群不同方面的行为、心理需要，艺术性、娱乐性、休闲性和纪念性兼收并蓄，给人们提供了能满足不同需要的多样化的空间环境。

6. 突出主题原则

应围绕主要功能，明确广场的主题，形成广场的特色和内聚力与外引力。因此，在城市广场规划设计中应力求突出城市广场塑造城市形象、满足人们多层次的活动需要与改善城市环境的三大功能，并体现时代特征、城市特色和广场主题。

四、庭院设计

庭院设计和古代造园的概念很接近，主要是建筑群或建筑群内部的室外空间设计。相对而言，庭院的使用者较少，功能也较为简单。现代庭院设计主要是居住区内部的景观设计，以及公司团队或机构的建筑庭院设计，前者的使用者是居住区内的居民，后者的使用者是公司职员和公司来访者。除此之外，还有私人别墅的庭院设计。

随着人们对自己所处生活与生存环境质量要求的提高，加上近些年来房地产业的蓬勃发展，居住区内部的环境条件越来越被大众关注，特别是在一些高档小区，其内部的景观设计往往是楼盘销售的卖点。因此，从设计的规模和质量上讲，城市居住区的景观设计已成为庭院设计最重要的形式。

庭院设计应以人们的需求为出发点，美国著名人本主义心理学家马斯洛将人的需求分为五个层次：生理的需求、安全的需求、社交的需求、尊重的需求和自我实现的需求。因此，一个好的居住或工作环境，应该让身处其中的人感到安全、方便和舒适。这也是庭院设计的基础要求。

（一）庭院设计的风格

现代庭院设计的风格主要有中国传统式、西方传统式、日本式庭院、现代式庭院。

1. 中国传统式

这种庭院形式是中国传统园林的缩影，讲求"虽由人作，宛自天开"的诗画意境。多以自然式格局为主，由于庭院面积一般较小，故要巧妙设计，常采取"简化"或"仿意"的手法创造出写意的画境，如庭院设计中常将亭子、廊、花窗和小青瓦压顶的云墙等典型形象简化，以抽象形式来表现传统风格。

在平面布局上，采用自然式园路，园路的铺装常用卵石与自然岩板组合嵌铺；水池是不规则形状，池岸边缘常用黄石叠置成驳岸，并与草坪相衔接；庭院中常用假山，可在假山上装置流泉；植物的种植遵循其原有形态，常结合草坪适量栽种梅、竹、菊、美人蕉或芭蕉。

2. 西方传统式

这种庭院形式以文艺复兴时期意大利庭院样式为蓝本，受欧洲"美学思想"的影响，强调整齐、规则、秩序、均衡等。与中国式庭院强调赏心的意境相比，西方式庭院给人的感觉是悦目。

在庭院的平面布局上，突出以轴线做引导的几何形图案美；通过古典式喷泉、壁泉、拱廊、雕塑等典型形象来表现；植物以常绿树为主，配以整形绿篱、模纹花纹等，以取得俯视的图案美效果。

3. 日本式庭院

这种庭院形式是以日本庭院风格为摹本。日本的写意庭院，在很大程度上就是盆景式庭院，它的代表是"枯山水"。枯山水用石块象征山峦，用白沙象征湖海，只点缀少量的灌木、苔藓或蕨类。

在具体应用上，庭院以置石为主景，显示自然的伟力和天成，置石取横向纹理水平展开，呈现出伏式置法；铺地常用块石或碎砂，点块石于步道，犹如随意飞抛而成；庭院分隔墙多用篱笆扎成，不开漏窗，显得古朴。日本式庭院由于精致小巧、便于维护，常用于面积较小的庭院中。

4. 现代式庭院

现代式庭院设计渐渐模糊了流派的界限，更多的是关注"人性化"设计——注重尺度的"宜人""亲人"，充分考虑现代人的生活方式，运用现代造景素材，形成鲜明的时代感，整体风格简约、明快。

现代式庭院的具体表现手法，一般都栽植棕榈科植物，主要采用彩色花岗岩或彩色混凝土预制砖做铺地材料，常用嵌草步石、汀步等；可设置彩色的景墙，如拉毛墙、彩色卵石墙、马赛克墙等；水池为自由式形状，常作为游泳池使用；喷泉的设计要丰富，强调人的参与性，并常与灯光艺术相结合。

（二）庭院道路的设计

庭院道路是城市道路的延续，是庭院环境的构成骨架和基础，不但要满足人们出行的需要，还会对整个景观环境的质量产生重要的影响。

1. 道路分级

庭院的道路规划设计以居住区道路最为复杂。按照道路的功能要求和实践经验，居住区道路宜分为三级，有些大型居住区的道路可分为四级。

（1）居住区级道路

居住区级道路是居住区的主要干道，它首先解决居住区的内外交通联系问题，其次起着联系居住区内的各个小区的作用。居住区级道路要保证消防车、救护车、小区班车、搬家车、工程维修车、小汽车等的通行。按照规定，道路的红线宽度不宜小于20m，一般为20~30m，车行道宽度一般不小于9m。

（2）小区级道路

小区级道路是居住区的次要道路，它划分并联系着住宅组团，同时还联系着小区的公共建筑和中心绿地，一些规模小的居住区可不设小区级道路。小区级道路的车行道宽度应允许两辆机动车对开，宽度为5~8m，红线宽度根据具体规划要求确定。

（3）组团级道路

组团级道路是从小区级道路分支出来、通往住宅组团内部的道路，主要通行自行车、小轿车，同时还要满足消防车、搬家车和救护车的通行要求。组团级道路的车行道宽度为4~6m。

（4）宅前小路

宅前小路是通向各户或各单元入口的道路，是居民区道路系统的末梢。宅前小路的路面宽度最好能保证救护车、搬家车、小轿车、送货车到达单元门前，因此，宽度不宜小于2.5m。

2. 机动车停放设计

随着经济的发展，汽车逐渐普及，不论是在居民区，还是在公司团体或机构的庭院内部，经常有机动车出入，选择不同的机动车停放方式，会对庭院道路规划设计产生很大的影响。机动车的停放方式常见的有路面停车、建筑底层停车、地下车库、独立式车库等。停车方式的选择与规划应根据整个庭院的道路交通组织规划来安排，以方便、经济、安全为原则。

（1）路面停车

路面停车是庭院中使用得最多的一种停车方式，优点是造价低、使用方便，但当停车量较大时，会严重影响庭院的环境质量。根据对多种形式路面停车的调查结果统计，路面停车的车位平均用地为 16m²。

（2）建筑底层停车

利用建筑的底层做停车场，优点是没有视觉环境污染，并且腾出的场地能用作绿地；缺点是受建筑底层面积的限制，停车的数量有限。中高层建筑的底层（包括地面、地下和半地下）停车还独具优点，建筑电梯能直通入底层，缩短了住宅与车库的距离，避免了不良气候的干扰，极大地方便了使用者。

（3）地下车库

常利用居住区的公共服务中心、大面积绿地、广场的底部做地下车库。优点是停车面积较大，能充分利用土地，减少了噪声影响；缺点是增大了停车与住宅之间的距离。在设计时要注意人流与车流的分离，停车场出入口不能设在人群聚集之处。

（4）独立式车库

这种停车方式虽能极大地改善庭院的环境质量，但要占用大面积绿地，经济成本自然很高。

3. 道路设计的要点

在道路系统的设计中，人的活动路线是设计的重要依据，道路的走向要便于职工上下班、居民出行等。人都有"抄近路"的心理，希望通过最短的路线到达目的地，因此，在道路设计时要充分考虑人的这一心理特征，选择经济、便捷的道路布局，而不能单纯追求设计图纸上的构图美观。

道路的线型、断面形式等，应与整个庭院的规划结构和建筑群体的布置有机结合。道路的宽度应考虑工程管线的合理铺设。

车行道应通至住宅每单元的入口处。建筑物外墙与人行道边缘的距离应不小于1.5m，与车行道边缘的距离应不小于 3m。

尽端式道路长度不宜超过 120m，在端头处应设回车场地。

车行道为单车道时，每隔150m 左右应设置车辆会让处。

道路绿化设计时，在道路交叉口或转弯处种植的树木不应影响行驶车辆的视距，必须留出安全视距，即在这个范围内，不能选用体形高大的树木，只能用高度不超过0.7m的灌木、花卉与草坪等。

道路绿化中，其行道树的选择要避免与城市道路的树种相同，从而体现庭院不同于城市街道的性质。在居住区的道路绿化中，应考虑弥补住宅建筑的单调雷同，从植物材料的选择、配植上采取多样化，从而组合成不同的绿色景观。

（三）庭院绿地小品的设计

1. 庭院绿化的设计

庭院绿化指庭院内人们公共使用的绿化用地，是城市绿地系统的最基本组成部分，与人的关系最密切，对人的影响最大。其中居住区绿地作为人居环境的重要因素之一，是居民生活不可缺少的户外空间，不但创造了良好的休闲环境，也提供了丰富的活动场地。单位附属绿地能创造良好的工作环境，促进人们的身心健康，进一步激发工作和学习的热情。此外，对提高企业形象、展示企业精神面貌也能起到不可忽视的作用。

（1）庭院绿地的组成与指标

庭院绿地的组成以居住区绿地最为详细，按其功能、性质和大小，可分为以下四种类型：

①公共绿地。

公共绿地包括居住区公园、居住区小区公园、组团绿地、儿童游戏场和其他块状、带状公共绿地等，供居民区全体居民或部分居民公共使用的绿地。

②专用绿地。

专用绿地是公共建筑和公共设施的专用绿地，包括居住区的学校、幼托、小超市、活动中心、锅炉房旁等专门使用的绿地。

③宅旁绿地。

宅旁绿地指住宅四周的绿地，是居民最常使用的休息场地，在居住区中分布最广，对居住环境影响最为明显。

④道路绿地。

道路绿地指道路两旁的绿地和行道树。

庭院绿地的指标已成为衡量人们生活、工作质量的重要标准，它由平均每人公共绿地面积和绿地率（绿地占居住区总用地的比例）所组成。在发达国家，庭院绿地指标通常都较高，以居住区为例，达到人均 $3m^2$ 以上，绿化率在 30% 以上。鉴于我国国情，在颁布的《城市居民区规划与设计规范》中明确规定公共绿地指标：

住宅组团不少于人均 $0.5m^2$，居住小区（含组团）不少于人均 $1m^2$，居住区（含小区）不少于人均 $1.5m^2$；对绿地率的要求是新区不低于 30%，旧区改造不低于 25%。

（2）绿地的设计原则

①系统性。

指庭院的绿地设计要从庭院的总体规划出发，结合周围建筑的布局、功能特点，加上对人的行为心理需求和当地的文化因素的综合考虑，创造出有特色、多层次、多功能、序列完整的规划布局，形成一个具有整体性的系统，为人们创造幽静、优美的生活和工作环境。

②亲和性。

绿地的亲和性体现在可达性和尺度上。可达性指绿地无论集中设置或分散设置，都必须选址于人们经常经过并能顺利到达的地方，否则不但容易造成对绿地环境的陌生，也会降低绿地的使用率。庭院绿化在所有绿地系统中与人的生活最为贴近，加上用地的限制，一般不可能太大，不能像城市"客厅"——广场那样具有开阔的场地，因此，绿地的形状和尺度设计要有亲和性，以取得平易近人的感观效果。

③实用性。

绿地的设计要注重实用性，不能仅以绿地为目的，具有实际功能的绿化空间才会对人产生明确的吸引力，因此，在对绿地规划时应区分游戏、晨练、休息与交往等不同空间，充分利用绿化来反映其区域特点，方便人们使用。此外，绿地植物的配置，应注重实用性和经济性，名贵和难以维护的树种尽量少用，应以适应当地气候特点的乡土树种为主。

（3）绿地的形式

从总体布局上来说，绿地按造园形式可分为自然式、规则式、混合式三种。

①自然式。

以中国古典园林绿地为蓝本，模仿自然，不讲求严整对称。其特点是：道路、草坪、花木、山石等都遵循自然规律，采用自然形式布置，浓缩自然美景于庭院中；花草树木的栽植常与自然地形、人工山丘融为一体。自然式绿地富有诗情画意，创造出幽静别致的景观环境，在居住区公共绿地中常采用这种形式。

②规则式。

以西方古典园林绿地为蓝本，通常采用几何图形布置方法，有明显轴线，从整个平面布局到花草树木的种植都讲求对称、均衡，特别是主要道路旁的树木依轴线成行或对称排列，绿地中的花卉布置也多以模纹花坛的形式出现。规则式绿地具有庄重、整齐的效果，在面积不大的庭院内适合采用这种形式，但它往往使景观一览无余，缺乏活泼和自然感。

③混合式。

即自然式和规则式相结合的方式。它根据地形特点和建筑分布，灵活布局，既能与周围建筑相协调，又能保证绿地的艺术效果，是最具现代气息的绿地设计形式。

（4）绿地植物的选择

庭院植物的选用范围很广，乔木、灌木、藤木、竹类、花卉、草皮植物都可使用，在选择植物时要注意以下 5 点：

①大部分植物宜选择易管理、易生长、少修剪、少虫害，具有地方特色的优良树种，这样能大大减少维护管理的费用。

②选择耐阴树种，这是因为现在的建筑楼层较高并占据日照条件好的位置，这样绿地往往处于阴影之中，所以宜选择耐阴树种，以便于成活。

③选择无飞絮、无毒、无刺激性和无污染物的树种。

④选择芳香型的树种，如香樟、广玉兰、桂花、梅子等。在居民区的活动场所周围最适宜种植芳香类植物，可以为居民提供一个健康而又美观的自然环境。

⑤草坪植物的选择要符合上人草坪和不上人草坪的设计要求，并能适应当地的气候条件和日照情况。

（5）绿地中的花坛设计

在庭院的户外场地或路边布置花坛，种植花木、花草，对环境有很好的装饰作用。花坛的组合形式有独立花坛、组群花坛、带状花坛、连续花坛等。花坛的设计要注意以下三点：

①作为主景的花坛，外形多呈对称状，其纵横轴常与庭院的主轴线相重合；作为配景的花坛一般在主景垂轴两侧。

②花坛的单体面积不宜过大：因以平面观赏为主，故植床不能太高，为创造亲切宜人的氛围，植床高于地面 100mm 为好，或采用下沉式花坛。

③花坛在数量的设置上，要避免单调或杂乱，要保持整个庭院绿化的整体性和简洁性。

2. 庭院小品的设计

庭院小品能改善人们的生活质量、提高人们的欣赏品位、方便人们的生活学习，设计精良、造型优美的小品能对提高环境品质起到重要作用。小品的设计应结合庭院空间的特征和尺度、建筑的形式和风格，以及人们的文化素养和企业形象综合考虑。小品的形式和内容应与环境协调统一，形成有机的整体，因此，在设计上要遵循整体性、实用性、艺术性、趣味性和地方性的原则。

（1）庭院小品的分类

①建筑小品。钟塔、庭院出入口、休息亭、廊、景墙、小桥、书报亭、宣传栏等。

②装饰小品。水池、喷水池、叠石假山、雕塑、壁画、花坛、花台等。

③方便设施小品。垃圾箱、标志牌、灯具、电话亭、自行车棚等。

④游憩设施小品。沙坑、戏水池、儿童游戏器械、健身器材、座椅、桌子等。

（2）小品的布置规则

①庭院出入口。庭院出入口是人们对庭院的第一印象，能起到标志、分隔、警卫、装饰的作用，在设计时要让人感觉亲切、色彩明快、造型新颖，同时能体现出地域特点，表现一种民族特色文化。

②休息亭廊。几乎所有的居住小区都设计有休息亭廊，它们大多都结合公共绿地布置，供人们休息、遮阳避雨。亭廊的造型设计新颖别致，是庭院重要的景观小品。

③水景。庭院水景有动态与静态之分。动态水景以其水的动势和声响，给庭院环境增添了引人入胜的魅力，活跃了空间气氛，增加了空间的连贯性和趣味性；静态水景平稳、安详，给人以宁静和舒坦之美，利用水体倒影、光源变幻可产生令人叹为观止的艺术效果。另外，居住区的水景设计要考虑居民的参与性，这样能创造出一种轻松、亲切的小区环境，如旱地喷泉、人工溪涧、游泳池等都是深受居民特别是儿童喜爱的水景形式。

（四）庭院游戏与活动场地设计

庭院的游戏与活动场地为人们提供了交往、娱乐、休息的场所，特别是在居住区的设计中，它是人性化设计最直接的体现。庭院游戏场地主要是指儿童游戏场所，是居住区整体环境中最活跃的组成部分；而庭院活动场地是指供庭院所有居民活动娱乐的场地。

1.儿童游戏场地的设计

（1）设计原则

①儿童精力旺盛、活动量大，但耐久性差，因此，场地要宽敞，游戏设备要丰富。

②可根据居住区地形的变化巧妙设计，达到事半功倍的效果。比如，利用地势高差，可设计成下沉式或抬升式游戏场地，形成相对独立、安静的游戏空间。

③儿童在游戏时往往不注意周围的车辆或行人，要避免交通道路穿越其中，而造成危险。

④场地的设置要尽量避免对周围住户的噪声干扰。游戏场地四周可种植浓密的乔木或灌木，形成相对封闭而独立的空间，这样不仅能减少对周围居民的干扰，而且有利于儿童的活动安全。

（2）儿童游戏场地的主要设施

①草坪与地面铺装。

此种设施应用较为普遍，它地形平坦、面积较大，适宜儿童在上面奔跑、追逐。特别是草坪，尤其适合幼儿。在草坪上活动既安全又卫生，只是较之硬质铺装，养护管理成本更高些。地面铺装材料多采用混凝土方砖、石板、沥青等，铺装图案可设计得更儿童化些。

②沙坑。

它是一种重要的游戏设施，深受儿童喜爱。儿童可凭借自身的想象力开挖、堆砌各种造型，虽简单，但可激发他们的艺术创造力。沙坑可布置在草坪或硬质铺地内，面积占 $2m^2$ 左右，沙坑深度以 30cm 为宜。沙坑最好在向阳处，便于给沙消毒，为保持沙的清洁，须定期更换沙料。

③水景。

儿童都喜欢与水亲近，因此，在儿童游戏场内，可设计参与性水景，如涉水池、溪涧、旱地喷泉等。这些水景在夏季不但可供儿童游戏，还可改善场地小气候。涉水池、溪涧的水深以 150~300mm 为宜，平面形式可丰富多样，水面上可设计一些妙趣横生的汀步，或结合游戏器械，如小滑梯等设计。

④游戏器械。

游戏器械主要包括滑梯、秋千、跷跷板、转椅、攀登架、吊环等，适合不同年龄组儿童使用。有的居住区选择一种组合游戏器械，它由玻璃钢或高强度塑料制成，色彩鲜艳，而有一定弹性，儿童使用较为安全。在国外居住区的游戏场内，常可见到利用一些工程及工业废品如旧轮胎、旧电杆、下水管道等制作成的儿童游戏器械，这样不但可降低游戏场的造价，而且能够充分挥发儿童的想象力与创造力。

2. 成人活动场地的设计

居住区活动场地的主要功能是满足居民休闲娱乐和锻炼健身的需要，是邻里交往的重要场所。特别是为老年人规划设计合理的活动场地，为老年人自发性活动与社会性活动创造积极的条件，充实老年人的精神生活。

（1）活动场地的分类

①社会交往空间。是邻里交往的场所，设计时应考虑安全、舒适、方便，其位置常出现在建筑物的出入口、步行道的交会点和日常使用频繁的小区服务设施附近。

②景观观赏空间。为居民与自然的亲密接触创造了条件。从这类空间观赏景物，视野开阔，并能欣赏到小区最美的景观。

③健身锻炼空间。健身锻炼是居民室外活动的重要内容，居民在这个空间里可以做操、跳舞、散步、晒太阳等，有的居民区还配有室外健身器材，供居民锻炼。

（2）活动场地的空间类型及设计要点

①中心活动区。

中心活动区是居民区最大的活动场所，可分为动态活动区和静态活动区两种。动态活动区多以休闲广场的形式出现，地面必须平坦防滑，居民可在此进行球类、做操、舞蹈、练功等健身活动；静态活动区可利用树荫、廊亭、花架等空间，供居民在此观景、聊天、下棋及进行其他娱乐活动。动、静活动区应相互保持一定距离，以免相互干扰，静态活动区应能观赏到动态活动区的活动。中心活动区可以是一个独立的区域，也可以设在公共设施和小区中心绿地的附近。为了避免干扰，应与附近车道保持一定距离。

②局部活动区。

规模较大的居住区应分布若干个局部活动区，以满足有些喜欢就近活动或习惯和自己熟悉的邻居三五个人一起活动的居民。这类场所宜安排在地势平坦的地方，大小依居住区规模而定，最大可达到羽毛球场大小，并可容纳拳术、做操等各种动态活动。活动区的场地周围应有遮荫和休息处，以供居民观赏与休息。

③私密性活动区。

居民也有私密性活动的要求，因此，须设置若干私密性活动区。这类空间应设置在宁静之处，而不是在人潮聚集的地方，同时要避免被主干道路穿过。私密性活动区常利用植物等来遮掩视线或隔离外界，以免成为外界的视点，并最好能欣赏到优美的景观。私密性活动区离不开座椅，座椅的设计既有常规木制座椅，也有花坛边、台阶、矮墙等多种形式的辅助座椅。座椅应布置在环境的凹处、转角等能提供亲切感和安全感的地方，每条座椅或每处小憩之地应能形成各自相宜的具体环境。

第二章
现代园林景观艺术

第一节 园林景观艺术的基础内容

一、园林景观艺术概述

园林是一门学科、一项事业，也是一门艺术，它属于景观范畴。

景观分为两大类，即自然景观与人文景观。自然景观产生于人类之前，如土地、河流、海洋等等；园林景观产生于人类文明之后，它是经过对自然的改造、被注入了人类意志和活动的一类景观。

从美学的角度来看，园林景观艺术来源于自然和生活。人们在生活中，从来没有中断过对美的追求，也从来没有间断过以艺术的创造来达到这一目的。

在通常的情况下，人们对园林景观的感受往往更注重它的形式美感。园林景观的美感来自它的艺术创作，因此，当人们在欣赏和评价园林的美感时，着重谈到的就是它的艺术性。

园林，是一种人类凭借对外在世界和内在自我的认知，然后借以物质的形式手段使实用的需求得到满足，使情感得到表达的艺术，它还是一种空间营造的艺术形式。景观这种物质实体不仅是对生活美的呈现，还是对设计师审美价值和审美意识的展现。运用总体布局、空间组合、体形、比例、色彩、节奏、质感等园林语言，构成特定的艺术形象（园林景象），形成一个更为集中典型的审美整体。

园林艺术常常会与其他艺术形式（例如建筑、诗文书画，还有音乐）互相融合，从而形成一门综合的艺术。因为错综复杂的园林景观语言和多种选择的园林景观材料，园林艺术通常还牵涉不止一个的艺术门类，就因为如此，园林艺术在艺术界很长时间也没有得到明确的定位。

园林艺术观是指设计师对艺术创作和现实人生观两者关系的总体认知和态度，而决定这种认知和态度的则是设计师对园林艺术的价值、功能在人类的精神生活中应负的使命的看法。

设计师园林艺术观的形成受外在环境因素影响的同时，还受内在个人喜好的影响。园林艺术观不仅是园林设计师的内在核心，还是设计师思想的外化，是设计师的主观精神的物质化过程。设计师们互不相同又独具特点的园林艺术观取决于他们文化背景、生活环境和教育经历的差异，他们的言论和设计作品是他们的设计思想与园林艺术观最好的展示。

二、园林景观艺术的特征

园林景观艺术不同于建筑艺术或其他艺术，最大的特点是运用植物、山石、水体和地形等自然素材来表现主题，塑造的是自然空间，刻画的是生动的自然情趣与境界。这就需要设计者从大自然当中提取美的元素，把握美的规律，应用于园林景观的创作之中。同时，由于园林与人们的生产、生活息息相关，又需要设计者更好地理解人们的生活诉求，创造不同的空间和场所，把生活之美注入其中。

（一）园林景观艺术是四维时空的艺术

园林景观艺术既是空间艺术，又是时间艺术，即所谓的四维时空艺术。主要体现在三个方面：

第一，通过流动的空间来组织人们观赏周围不断变换的景物。这在中国传统园林中表现得尤为突出——人们随着游览路线的更迭和游览时间的推进，看到的是开合收放、起承转合、富有韵律节奏的空间，领略到的是"山重水复疑无路，柳暗花明又一村"的情趣与境界。在这个过程中，自然信息都被融入了有界无痕的时空转换之中。无怪乎，很多外国专家在研究和考察中国的园林景观艺术之后感叹：真正的流动空间在中国！

第二，植物是园林景观的主体，它漫长的生命周期，演示了生长过程中各阶段的特点，如幼年的茁壮、中年的繁茂、老年的苍劲。植物揭示了自然发展的规律，给人以生命的感悟，又在一年四季的时段之中，演绎了春花秋叶、夏荫冬姿的季相变化，展现了大量的自然信息，给人以愉悦的心情和艺术创作的灵感。

第三，从形成过程来看，园林景观建设从构思到创作，从施工到管理，每个环节都有形态的修改和意境的再创造，是一个不断完善的过程。园林景观的艺术价值要在其形成过程中得到去伪存真、去粗存精的提炼和升华，因此，它是一个需要不断完善的艺术。

（二）园林景观艺术的地域性

由于受到文化历史、政治经济、自然地理、民族风俗等外部环境的影响，园林景观又在一定程度上成为地域文化的载体，呈现特定的地域文化特质。

中国园林是世界园林之母，中国人憧憬自然山水，秉承着师法自然的原理，将真山真水微缩成为壶中天地，创造出了"虽由人作，宛自天开"的自然山水园林。

中国的园林艺术不光要用眼睛去欣赏，还要用心去领悟，关键在于意境的创造。意境是一种感受，是一种精神层面的东西，是通过描绘而产生的情趣与境界，这一独特的手法是其他园林景观所无法比拟的。

（三）园林景观艺术的多样性

园林景观艺术的地域性是其多样性的基础。园林景观艺术的多样性强调的是宏观整体的特征与格局，以及本质和规律性，解决的是具体的功能诉求、审美取向和时段形态问题。比如，从功能的诉求来看，有儿童公园，体育公园，动、植物园，雕塑公园，湿地公园等；从审美取向来看，有整形园林、自然园林、抽象园林；从形成的时段来看，有古典园林、近代园林、现代园林等。可以说，园林景观艺术是一个综合性的跨界艺术。

（四）园林景观艺术的继承与创新

不同的民族因地域环境的不同创造了各自的文化艺术（包括园林景观艺术），这个文化艺术反过来又培养了一批欣赏它自身的人群（民族）。周而复始，文化艺术得到传承。在这个过程中，每个民族都会因为他们永不满足已有的艺术形式而通过自兴和与外界的交流，创造出更为新颖、更为先进的艺术形式，于是文化艺术得到了发展。

中国古代的苑囿经过漫长的历史发展，到清代的时候形成了臻于完美的古典园林。20世纪80年代后，中国的现代园林在先进外国景观理念的推动下，更注重生态和休闲功能的需求，得到了很大的改进和提高，即所谓的"古为今用，洋为中用"。这是一种历史发展的趋势，也是传承与创新的必然途径。

现今，我国的园林景观在改革开放的推动和国外先进景观理念的影响下，迈进了现代园林景观的行列。但是因为发展速度太快，同时受功利主义的驱使，加上重理念、轻理论思潮的影响，园林景观在总体格局上千篇一律，在具体形态中千差万别，有的甚至排斥了本土的地方特色，只重功能实用性，忽视了文化艺术性，全盘西化，没有特色，使人身在其中，很难辨认其右。

其实，常识告诉我们：民族的就是世界的，但世界的未必是民族的；同时我们也应清楚地认识到"没有创新的继承是没有生命力的，没有继承的创新是短命的"这一辩证关系，因此，没有继承，就谈不上创新。

三、现代园林景观设计艺术

（一）园林景观的设计原则

1. 人性化的设计原则

在外部空间景观设计中，表现为满足居民的心理需求，将外部空间景观环境塑造成具有浓郁居住气息的家园，使居民感到安全、温馨及舒适，产生归属感。人性化设计原则即想居民之所想，造居民之所需。在设计开始前，应对整个住宅区进行朝向和风向分析，以利于组织好住宅区的风道。在景观规划阶段须考虑到向阳面和背阳面的处理，人们在冬天需要充足的日照，而在夏天又需要相对的遮阳，还有提供和设置娱乐交流的场所。

2. 居住区的环境景观设计

要在尊重、保护自然生态资源的前提下，根据景观生态学的原理和方法，充分利用基地的原生态山水地形、树木花草、动物、土壤及大自然中的阳光、空气、气候因素等，合理布局、精心设计，创造出接近自然的居住区绿色景观环境。

3. 居住区公共空间环境设计

居住区公共空间环境设计应着重于强化中心景观，层次感是评价居住区环境设计好坏的重要标准，居住区景观设计应提供各级私密空间，并且各层次之间应有平缓的过渡。居住区中公私动静变化细致，应努力营造一个"围而不闭，疏而不透"的空间氛围。

居住区的环境景观设计要在保证各项使用功能的前提下，尽可能降低造价。既要考虑环境景观建设的费用，还要兼顾建成后的管理和运行的费用。

（二）园林景观的设计方案及方法

1. 园林景观的设计方案

（1）空间秩序性

①界定景观轴线。

园林景观跟其他类别的景观不同，园林景观注重的是意境的创建，为此，轴线的方式没有确切的规定。但是，界定轴线的主要目的是确定空间组织的逻辑次序，以便于满足景观的性能需求，创造出该场合应该拥有的环境氛围。

②梳理空间内涵。

梳理空间的内涵是整理景观所承载内容的设计准则。唯有清晰的景观涵盖内容，空间组织才能够很好地发挥出来。在园林景观设计的过程中，一定要把景观所涵盖的内容梳理清楚，然后依据相关方面的内容为其设定最佳状态下的空间形式。对存在互相交错或者能够相统一的空间进行编排整理，可以形成较为清晰的空间形式。

③区分空间等级。

梳理空间内涵后会发现这是一个巨大的景观列表，如果想要在特定场地内部同时包含很多内容是与现实状况不相符的。为此，一定要明确景观空间的级别。这一原则的目的是能够有效处理园林景观创造过程中的各种问题。确认空间等级的逻辑联系，以此才能够清晰地运用场地，科学地开展空间的组织，在必要的时候以牺牲某一方面的追求，确保总体景观体系的逻辑关系。

（2）尺度适宜性

①减少人为压力。

在现实的工作中，人们对园林景观的回应是弱化和避让。这种形式是对现有的自然环境和发展秩序的一种尊重。就大尺度的压力，我们运用谦虚谨慎的态度弱化景观的创造方式。科学地协调关系，以谦虚的心态、修正的尺度弱化园林景观的压力。

②遵从场地功能。

一定数量的尺度纬度和空间感知经验是园林景观空间中必不可少的。考虑到空间和尺度之间的关系，在此便引出了景观的协调度和恒定尺度。景观中的恒定尺度指的是在遵从硬性公用景观的追求时出现的特定尺度，协调性的尺度能够发挥调和和过渡的作用，遵从景观的性能是针对协调性尺度和恒定尺度相互间的联系提出的，协调性尺度的景观是恒定尺度景观之间的连接媒介。唯有处理好协调性尺度景观，才能够使得景观的整体性得到展现，满足于景观延伸的追求。

（3）视觉艺术性

①引用自然之美。

引用自然之美有两个方面的含义：一是借助自然山水之美；二是借用自然本质之美。借助自然山水是源于景观层次的改造目的，把秀美的山水当作景观层次引入到里面，给人以视觉感的空间延伸。引用自然之美，是重视美的含义，其实更在意的是接近大自然的美学。引用自然之美是在挖掘自然景观资源，可以以一种美感赋予景观更大的胸怀，凭借这种方式把大地理尺度的自然景观与人为创作的景观连接起来。

②创造界面之美。

视觉形式美的中心是界面之美。景观中的竖向界面通常直接决定了景观空间的格局特点，通常顶界面是完全开放的。底界面的形式美对景观空间的整体美感有着直接的影响，小面积底界面通常会影响受用者的直接视觉感受，而竖向界面方式直接影响着人们对视觉美感的认知，这主要是由于对于那些比较单一的底界面与开放的顶界面，侧界面则可以表达更丰富的形态变化和情感变化。

（4）环境生态性

①尊重生态价值。

环境生态型准则中的重点是生态价值观的确立。在园林景观设计中，生态价值观是自始至终都要遵从的理念，生态价值观念跟人的社会追求、艺术和美学同样重要。从方案的构想到具体细节的展现，都与生态价值紧紧相连。尊重生态价值是观念的一种展现方式，但是并不能够单凭借观念去处理景观当中的现实矛盾，生态价值是一种支配性的准则，让人们每时每刻都保持对自然环境的理解和尊重。

②接纳生态基质。

我们特别愿意去接纳一些完美的园林生态基质，同时变成我们景观设计的重要性线索。在当代园林景观设计中有很多有关大地理尺度景观的生态基质、蓝带、灰带等景观理念，这些景观诠释着景观设计大环境概念的完美无瑕。

2. 园林景观的设计方法

（1）景点的设计方法

在园林景观设计中，多把重点寄托在景点形式中。点的布局要能够突出重点，且疏密有致。景点的分布要按照"疏可走马，密不透风"的原则进行，要充分考虑游客聚集和分散的情况，做到聚散有致、动静结合。

其次，点要做到相互协调，相互映衬，以点作为吸引游客视线的核心，并在视域范围内将点与其他景观进行联系，景点之间要能够相互协调，注重游客的视线范围和角度。

再次，点要做到主次分明，且重点突出，要有一个点能够体现出园林的主景或是主体，表达出园林景观的构思立景中心。这个点既可以是人文景观，也可以是自然景观。

在园林景观设计中，点主要包括置石、筑山、水景、植物、建筑、小品和雕塑等。点的布置既要协调，又要突出，例如，在植物设计时，要突出植物既能够作为单景又能够作为衬景的作用，既可以单独欣赏又可以突出其他景观。再如，在建筑点的设计中，即使是一些用混凝土建造的建筑物，也最好用竹、茅草等进行装饰和覆盖，要体现出朴素、自然的情境。另外，还要注意建筑造型风格等和园林的主题风格保持一致。

（2）景观线的设计方法

在园林景观设计中，线的功能主要为审美功能、导向功能、分隔功能。审美功能即每一种线的变化都能够带来特殊的视觉效果，粗细线条、浓淡线条、曲直线条和虚实线条等能够带给观赏者不同的视觉印象和美感；导向功能即线条的方向性，能够引导人流；分隔功能即通过线条来展示出路径、植物、地形等的区分，分隔出特定的空间。在线的布局时，要遵循自然性原则、序列性原则、功能性原则。由于园林要表达的是自然美，因此，在线的布局时，要达到"虽由人作，宛自天开"的境界。另外，线要能够发挥出满足人们观赏、交往、交通等的需要。

在园林景观设计中，线主要包括：路径，即供游客散步、观赏、休闲的风景，以曲折为主，通过与道路两旁景观的结合，表现出步移景异、丰富变换的特点；滨水带，即陆域和水域的交界线，让游客能在观赏美景的同时，感受到水面的凉风；景观轮廓线，在设置轮廓线时，要考虑到观赏角度和距离的问题。

（3）景观面的设计方法

城市地理学对面的定义为：地球表面的任何部分，如果在某种指标的地区分类中是均质的，那么便是一个区域。按照活动要素来讲，可以把园林景观设计中的面分为游憩区、服务区、管理区、休闲区等。

面的布局原则，首先，要遵循整体性原则，要能够在总体上有机完整地进行空间分割和关联，在空间的排列序列中，能够理清主从关系和各个景观的特征。

其次，要遵循顺应自然的原则，要与周围的自然环境、山水、土地等进行组合，并最好和自然地形的分界线一致，这样稍加点缀，便能够呈现出如画的风光。

再次，要遵循生态原则，让土壤、植物、动物、气候、水分等条件能够相互作用，并维持景观环境的平衡在园林景观设计中，面主要包括植被、硬质铺地和水体。植被主要为各类树木和花卉、草坪等，植被的作用是以形、声、色、香为载体体现，为园林增添独特的、变化的风景。硬质铺地的功能不仅仅是为游客提供活动的场地，还能够帮助园林景观的空间构成，通过限定空间、标志空间，能够增强各个空间的识别性。水体主要包括河、湖、溪、涧、池、泉、瀑等，水体的功能是十分重要的。首先，水体的审美价值较高，主要通过视觉和听觉体现；其次，水体能够提供一些活动形式，例如，划船、游泳、钓鱼等；再次，水体能够调节微观气候，为园林中的动植物提供水源。在对水体进行设计时，要充分对地形、意境等进行考虑，避免营造出死水的感觉。

第二节　园林景观的艺术应用

一、光影在园林景观中的应用

（一）光影艺术在园林景观中的审美心理

光影的感知主要通过视觉获得，但是其他知觉也能感受到光影所带来的感觉差异。光影的特性告诉我们，人们并不仅仅在实物自身上发现光与影，实际上明与暗、黑与白，以及物体表面的质感差异都蕴含着光影的概念。

1. 光影与人的心理感受

视觉是获取知识和信息的主要通道。有人把眼睛比作一部性能卓越的相机，其实，视觉功能与相机并不相同。视知觉并不等于把对象如实地摄入眼帘，也不仅是单纯的生理过程，这其中还有不同的视觉心理反应过程。最终在脑中形成的视知觉形象，还受人在长期生活中的积累形成记忆参照体系的影响，人的视知觉会在生活经验中逐渐完善起来。

人的视知觉大同小异，在视觉心理上有共同的基础，艺术感受具有一定的互通性，在设计中就是要以这种互通性为基础创造美的视觉感受。所谓大同，是指生理功能和基本生活体验大体相同，这是可以沟通感觉的基础；所谓小异，是指个人的阅历和个性化的经验有所不同，这是形成不同感觉的原因所在。总的来说，艺术感受具有一定的互通性，在设计中就是要以这种互通性为基础创造美的视觉感受。

视觉经验的累积会影响人的视知觉，对生活的耳濡目染可以诱导审美感受。例如，北方由于山势雄奇、山石裸露，滋生了刚健、雄浑的北方园林风格；而南方山水秀美，植被茂密而且外形多变，形成了南方园林的精致、秀美的审美倾向。重视这种影响，对理解艺术感受、形式的形成很有帮助。

2. 视觉对光影的感知

日常生活中的大多数光源都是带有某种色调的，而我们的大脑则十分善于对光色进行过滤。只要一种光线里大致存在一定比例的三原色，大脑就将它认定为白色，所以说，我们对光的认识不是绝对的，而是相对的。光影对人的心理影响主要是通过人的视觉来传达的。光线的明暗强弱、显色性的高与低、光色的不同、色温的冷暖对比，以及照明方式都会带给人不同的视觉感知。人天生具有向光性，设计师常利用这种行为，利用光对视线、游线进行有序的引导。相对的，阴影减弱空间的亮度，使环境气氛沉静、舒缓，因此，人们在寻找私密的处所时总喜欢选择相对黑暗的空间，光影作为一种意识和心理现象在心理学发展中的作用是深远的。

光影的视觉和意识的关系是相连的，并且经常与人的无意识和潜意识的深层意识联系在一起。将光影与纯粹意识联系在一起考察是非常困难的，他们还经常会与具体的体验和记忆联系在一起。帕拉斯玛认为："眼睛是一种分离感很强的知觉器官，触觉则具有亲近、私密和感染性。"视觉则负责巡视、控制和探究，触觉则是接近和关怀。

当面对强烈的感情冲突和情绪激动的时候，人们常会合上双眼，也就是人们倾向于将视觉这种距离的感觉关闭。虽然光影的感知是通过视觉获得的，但是其他知觉能感受到眼睛所不能见的射线，尤其是在昏暗或者微弱的光线下，视觉的作用可以减弱其他感官，尤其是嗅觉、听觉、触觉的作用加强。光影的现实告诉我们，人们不仅仅在事物自身上发现光与影，实际上明与暗、黑与白都蕴含着光影的概念。

（二）园林景观中光影的影响因素与营造原则

1. 园林景观中光影设计应考虑的因素

（1）园林景观的类型

在世界范围内，园林主要分为东、西方园林。东方园林又包括中国园林、日式园林及东南亚园林。其中，日式园林受中国园林影响较大，最后发展出自己独特的风格类型。西方园林主要分为意大利园林、英国园林、法国园林、德国园林等。其中，英式园林崇尚田园风，法式园林布局较为规整。

在中国园林景观中光影的运用，从最初的园林雏形范围到明清园林，在我国疆域范围内，按照地域又可分为北方园林、岭南园林、巴蜀园林、江南园林等；按照属园性质又可分为皇家园林、私家园林、寺庙园林等；按照园林在城市中的位置又可分为校园、庭园、河滨公园等；按照功能的不同又可分为街头游园、湿地公园、观赏园林、纪念性园林等。各种园林类型虽同处中国地域范围内，且都受中国传统文化的影响，但是，因地域文化的不同，地理环境及建筑风格、材质的不同，光影在园林中的表现也各有差异。在园林的发展过程中，随着地域文化的相互影响，在各类型园林中都有其他园林风格的借鉴，因地域文化及自然环境的悬殊，各类型园林的风格保存还较为完善。因此，不同的园林景观类型，园林中的光影设计所传达信息的侧重点也应各有不同，如光影的设计及表达如何体现江南园林的清秀、北方园林的壮丽，这些都是我们在园林光影运用的研究中应该注意的。

（2）园林景观的自然要素

自然环境一般由水、石、地形、植物等实体要素组成。园林景观设计就是充分利用这些要素的特性及存在方式，营造出影响人们的审美意境和视觉氛围。自然要素在不同的环境中形成了各自不同的景观特色。它们所构成的园林景观的自然氛围是现代人们追求的理想景观环境。园林景观的光影意象在同一自然要素下也各不相同，影响它的因素有很多，例如，气象条件，以及地形条件对它的影响都很大，其中影响的程度也是各有不同。这些因素不仅制约着设计者的设计手法，而且对光影效果的发挥也有着非常大的影响，制约着游人的视觉体验，进而影响游人的心理感受。

（3）园林景观的人文因素

人文因素能在景观设计中创造一种意境，主要表现在人们的共同兴趣、地域、历史、文化内涵和民族特征等方面，使之成为设计的主要依据，有意识地把文化注入景观设计中，赋予景观一定的人文精神，使人在观景时产生亲切感、认同感、引导感、文化感等情感趋向。人文因素在历史积淀、自然性的推崇、文人撰写等方面对中国园林景观的设计与营造有着极为重要的影响，比如，不同的民族会有不同的关于光影的图腾崇拜形象、风俗习惯，不同的县、市在节日时会使用不同形式的花灯、烟火进行庆祝。民间流传着很多与光影有关的民间艺术，这些都是在设计中可以发掘利用的具体地域性光影素材，并且，在园林景观设计中光影与地域文化的融合使得园林景观具有了一定的文化内涵。因此，园林景观的地域特色必须跟其所在的城市文化相融合，有一定的文化内涵作为背景，不能与现实相背离。

（4）所在城市的发展程度

园林景观就其发展程度快慢来说，是检验一个城市经济发展的风向标，就建设规模及特色来说，是一个城市规划建设的标志。园林景观中光影的设计不仅要依附设计者的设计实力，而且与当地的经济发展有着很大的关系。在经济发达的地区，园林景观中的光影设计普遍呈现出华丽宏伟的氛围，五光十色的光影充斥着整个城市，显现出了时尚的都市气息；而相对于经济比较落后的小城市来说，它整体的园林景观所呈现出的氛围就是温和质朴的一面，不张扬的灯光，使光影在整个园林景观中呈现出温润多姿的气息。

2. 园林光影设计的营造原则

（1）园林夜景观设计原则

①体现艺术特色。

在平面构成中的重复、近似构成形式表现了一种整齐感，而渐变和对比等构成形式则常表现出一种变化的动感。因此，在夜景观光影设计的过程中，应充分利用平面构成所带给人们的艺术感，无论是灯具的布置，还是灯光效果所形成的整体平面布局，平面构成的各种形式都须融入其中，此时的夜景平面设计也同白天一样，凝聚着艺术特色。

人类对于形式美感的追求从远古时期就已经开始，经过数千年的积累，已经成为人们所普遍认同的美学思想。然而当形式美法则出现之时，光文化还没有形成，甚至灯具都还没有出现，当时人们对于夜间光源的认识也许只有原始的火源。所以，今天我们所追求的夜景观的艺术性完全可以依靠形式美法则作为指导。设计者对于形式美法则的关注必然会使设计出的作品充满空间感。很多人可能会理解为夜景中光影效果是最重要的部分，夜景中的空间与日光下空间一样，但是，事实上经过光影效果的再次塑造，夜晚的空间已经发生了一些变化，因为灯具布置中的统一与变化，照明方式的对称与均衡，光影效果的节奏和韵律，不同灯具发光方式的调和与对比，灯具数量等其他因素的相互作用。这一法则因为具有悠久的历史而成为成熟的设计法则，可见形式美的法则不仅仅在艺术学上有所借鉴，在人类社会发展的过程中心也据重要地位的，所以，形式美法则必然会应用到景观设计和夜景设计中。

在夜景设计中光影颜色的选择十分重要，要考虑色彩构成中色彩搭配的各个原理，同时还有考虑光色、亮度和照度等对于光影效果的影响。因此，作为夜景的设计者无论是灯具的选择、布置、灯光的颜色、照明方式，以及上述所有因素所形成的光影效果必须结合色彩心理学，才能使园林夜景观更具实用价值和艺术价值。

心理学家认为，美感是设计者在设计过程中始终体验着的一种特殊的情感。平面构成及其特有的视觉形态和构成方式带给人们一种特殊的艺术美感，其形态的抽象性特征和产生不同视觉引导作用的构成形式，组成严谨而赋有节奏律动之感的画面，营造一种秩序之美、理性之美、抽象之美。

虽然光影本身并不具有精神层面的含义，但是我们利用一定的艺术设计原则进行加工，就会使光影带有某种引起人们情感的作用，产生这种作用的原因有可能是平面布置方式、空间感或是灯光色彩。因此，设计者在使用灯光对园林景观进行二次设计的时候，应充分遵循原有的空间氛围，力求夜景所表达的意境与白天一致，甚至夜景的应景氛围比白天更加浓厚。

②体现地域文化。

城市是一个有机的整体，各组成部分相互依存、相互制约，要求相互配合，协调发展。因此，在进行园林夜景观的设计时，一定要充分了解整个城市的历史文化，在设计的过程中夜景表达的每一个载体都是体现地域文化的重要表达手段。

园林景观作为城市景观的一个重要组成部分，白天的园林景观可以作为延续城市文脉的一个重要表现，那么夜晚的园林景观更加应该在设计中凸显地域文化，将光影这种融合了照明技术的特殊表达方式作为地域文化传承的新纽带。

③重视节能环保。

夜景观中的光影设计应该走一条绿色生态的道路，不仅给人们一个灯火辉煌的夜晚，同时也给人一个安静舒适的园林夜景观。生态、绿色、环保的夜景规划设计才是未来夜景观的发展趋势。

为了尽量避免光污染所带来的危害，所以，夜景设计者应该把生态夜景观作为夜景设计的重要原则。绿色照明是以节能为目的的照明设计理念，在追求夜景观艺术效果的同时应将绿色照明的理念融入整个设计之中。

首先，在设计中避免光线过量，就不会超越光线产生的美感限度。照明设计时应该分清主次，形成视觉中心，那么城市天空溢散光的水平就不会过高，夜空保持其应有的昏暗度，视域内光线不会过量堆积。

其次，不要使用过于复杂的光形。造型富于变化的确可以增加艺术感，但是过于复杂而且灯具层层叠叠，会造成烦琐凌乱的视觉感，反而不利于具有艺术性夜景观的形成。

再次，光色的滥用也是应该避免的，虽然夜景中的色彩是夜景艺术性的重要组成部分，但是如果忽视颜色的物理属性和引起的心理效果，会形成不协调甚至互相排斥的光色，从而使夜景观中的一部分景观元素产生变形扭曲等负面效果。

最后，园林景观设计的各个方面最终都是为人类服务，所以，以人为本原则在夜景设计中心十分重要的。设计之初必须考虑人们的生理和心理的要求，从人类的感官、精神、行为等各个方面出发，满足人体工程学及行为心理学的各项要求。

（2）设计策略

①结合原有日景。

在进行景观设计时，在可能的情况下就要对夜景进行有深度的规划，夜景的效果在很大程度上依赖于日景的设计，它们之间是互动的。一个优秀的夜景设计者，应该对日景有一定的艺术感悟力，才能做出与其相配的夜景。任何事物都是不断地变化的，因此，景观照明也应该随着日景做出调整，这需要处理好景观照明和日景的有机关系。为了不影响日景的效果，我们要将景观灯具隐藏，灯位的布置高于人的视线或隐藏在草地中、树上或者地埋，这种方法来源于建筑学照明。夜景对日景的提升要求不只是照亮景观，不得已暴露的灯具造型则要与园景风格协调，强调灯具造型的艺术效果又兼具照明效果，这种方法来源于景观学照明。还有一种照明方式是最具有视觉冲击力的，完全用灯光营造效果，体现一种诗意的、摇滚的、怪诞的或是娱乐的效果，完全颠覆日景的本身含义，有一些是临时性的、试验性的，比起永久的照明方案更加随意一些，这种方法来源于光度学照明。无论应用上述哪种方法，都要根据日景的功能和照明目的来决定。

②考虑空间尺度。

小尺度的空间，如私人庭院、宅间绿地等主要是让人们在享受星空下的安静浪漫氛围，安全、舒适、温馨成为设计的关键。无论是室内向室外还是反过来，都不能出现眩光。设计者可以通过层叠照明法来营造景观照明，用隐蔽的灯具的光芒照亮景观植物和园路，温柔地带领来访者到达目的地。为了克服空间过小的局促感，可以借用园景的庭院的处理方法——如曲轴和隔景的方法，应用于夜景就是隔断观赏者的视线，弱化空间的边界，一部分区域保持黑暗，让人们用联想的能力去扩展空间的尺度。相对于比较大的尺度空间，如公园、广场等景观，要对空间的照明进行统一的规划，区分空间的不同功能。将照度氛围高、中、低三个级别，确定主要的轴线、节点及视觉焦点，制定出照度的标准和色温的标准。

③对光线的处理。

光线的处理须从艺术的角度加以周密考虑，犹如对待绘画，应将形状、纹理、色调甚至质感等细节与差异都予以精确地表达，从而达到优美、祥和，以及与白昼完全不同的艺术境界。与其他艺术设计一样，光影的运用应丰富而有变化。对于雕塑、小品，以及姿形优美的树木可予以重点照明，能使被照之物形象突出。轮廓照明适用于建筑与小品。要表现树木雕塑般的质感，也可使用上射照明，即用埋地灯或将灯具固定在地面，向上照射。灯光下射可使光线呈现出伞状的照明区域，洒向地面的光线也极为柔和，能给人以内聚、舒适的感觉，所以适用于人们进行户外活动的场所，如露台、广场、庭院等处。园路的照明设计也可予以艺术的处理，将低照明器置于道路两侧，使人行道和车道包围在有节奏的灯光之下，犹如机场跑道一样，这种效应在使用塔形灯罩的灯具时更为显著，采用蘑菇灯也可以较好地达到相近的效果。它们在向下投射灯光的同时，本身并不引起人的注意。如果配合附加的环境照明灯光源，其效果会更好。

（三）现代园林景观中光影的艺术性应用

1. 光影在园林景观设计中的难点

（1）不稳定性

光影最大的特点就是具有多变性。昼夜变换、四季轮回、不同的天气都会使自然光影的强度、色彩、方向发生变化，并且这种变化不会以人的意志为转移。同时光影具有渲染一切室外景物视觉效果的强大力量，在其影响范围内的景物都会具有相似的光影意象，不利于表现场地光影的个性特征，这为光影在小范围场所的应用带来不便。很多设计师认为其可操控性低，效果短暂，与大多数设计师所追求的恒定持久的园林美相斥。因此，光影虽然拥有较高的美学价值，但在现代园林景观设计中却只被极少数设计师所重视。

园林景观中昼夜景观的差异也是由于光影的变化所造成，昼夜光影的翻转使景物呈现出完全相反的视觉特征。在差异中寻求昼夜景观的完美统一，一直是园林景观设计中的难题，但是，光影的多变性表现为一种持续的、有规律的变化，正是这种变化赋予其灵动的秉性，具有一种生命的美感，这是稳定的实体要素所不具有的。因此，在景观园林设计中，设计师要了解与考察场地中光影的变化规律，尽可能延续光影的表现时间，突出其动态性及地域性，并对实体要素布局、形态构建、材料和颜色选择时，全方位考虑其光影效果，增加其艺术魅力，对于人工光影要有节制地使用，在光影做出补充的同时要注重艺术性的表达，全方位发掘对于景物的表现力。

（2）无具体形态

光影本身虚无缥缈，并无形体，这使得习惯控制实体要素的园林景观设计师对其束手无策。其实光影与园林中的其他实体要素是相互影响、相互制约的，设计师在控制实体形态、颜色、材料的同时也影响了其光影形象，只不过这种对光影的塑造是无意识的。只要设计师在设计时转换角度考虑，理清这种制约关系，就会发现光影在园林设计中可利用的点其实是非常多的。如灯光投射在墙上的光影、喷泉边出现的彩虹、金属材料上流动的反光等。如何将无形的光影变得有形，让无规律的光影变得有序，让平凡的光影带来感动，就是景观设计师在运用光影进行设计时要解决的问题。

（3）具体应用的复杂性

园林绿地所涉及的空间大部分是室外空间，空间内的实体要素包括园林建筑、植物、水体、地形、各类构筑物、园林小品等等。由于受自然光这个巨大光源的影响，园林中的光影比较容易得到，但是复杂多样，要对其进行综合整理，并且光影在园林中的表现手法也不同于其他实体元素，除了直接控制光影的手法，更多的是通过控制其他设计元素，间接影响光影在园林中的设计表现，这为设计师有效利用光影增加了难度。园林景观设计师要考虑尺度更大的元素布置形成的光影空间，如地形、植物等；同时也可以在协调实体要素的同时，利用实体要素对光影进行引导，凸显小尺度景观的特色。

（4）昼夜景观的差异

随着科技的进步，人类逐渐征服了黑夜，人的室外活动时间大大延长，而且园林景观中的景观照明也越来越形式多样。从最初简单的功能性照明，到现在出现灯光艺术照明，园林夜景显得更加丰富多彩，但是昼夜景观中自然光源的转变导致了景物的图底转换，使同样的景物在昼夜呈现出截然不同的状态，而大多数设计师往往更看重日景的设计，却只把夜景作为一种附加的设计，结果导致日景与夜景的氛围脱节，使得人们的认同感降低。

2. 现代园林景观中光影意境的营造

（1）现代园林景观中光影构成的意境

意境的塑造类似影视艺术内的构图与场景设计，不同的是这种场景与构图是现实中的场景塑造唤起的更深层次的联想之境，是虚与实、情与景的结合。光影影响着园林空间的视觉显现与氛围塑造，同时光影自身的精神属性、文化特征使人对景物的光影形象产生联想，因此，光影可以通过这两个方面塑造空间的审美意境，传达设计者的设计意图。

在现代园林景观设计中，设计要素的形式具有更大自由，对于光影形象的设计，除了表现光影的千变万化之美，还可以利用不同材料、结构、色彩的实体要素对光影进行间接的设计，形成丰富的"光形"与"物影"。人工光源的种类丰富，可塑性强，可以与实体要素、现代控制技术等结合，几乎可以呈现设计师能想到的任意光影形象。因此，在现代园林景观中光影对于设计师"意"的表达可以更加准确而直观地在实景中呈现。

（2）园林景观中意境的营造

意境是中国古典美学的一个重要范畴，在中国古典美学体系中占有重要的地位。可以说，意境这一美学概念贯穿唐以后的中国传统艺术发展的整个历史，渗透到几乎所有的艺术领域，成为中国美学中最具民族特色的艺术理论，并以它作为衡量艺术品最高层次的艺术标准。

二、剪纸艺术在园林景观中的应用

（一）剪纸艺术的造型特点

多数人认为，剪纸艺术与绘画艺术一样，都是静态的艺术表现形式，但如果我们仔细观察就不难发现，我国先人在用时间的概念讲述剪纸的故事。在好多剪纸画面中我们可以看到如原始壁画般的表达方式，便是长着三头六臂的人物和多角度吃草的动物。由此可见，剪纸艺术不再是一项静止的艺术，而是截取了一个时间段的故事。

剪纸艺术家创作剪纸作品时所处的视角是可以随意变化的，即可以置身画面之中，又可以远离画面之外。这种若即若离，使得剪纸作品在画面感上有了自己独特的变化方式。而剪纸又受到尺幅大小、表现形式的限制，造型多以夸张、抽象为主。大多纹样都有很强的象征意义。

龙、凤的至高权力在人民日常生活中变得不再那么重要，我国的古老先民在创作剪纸形象时便不再使用中华民族的古老图腾，而是借用随处可见的红色鲤鱼作为蓝本，创作出了鱼身娃娃，将人类盼望多子多福的美好愿望寄托其中。

剪纸艺术，历经了数千年的历史演变和时代变迁，每一个朝代、每一个氏族都会为剪纸艺术留下时间的烙印，在漫长的时间长河中形成了不同地域的风格流派，但也正是这不同的风格流派为剪纸艺术构建了完整的造型框架。剪纸是一种通过剪刻纸张的艺术来表达的形式，大多数剪纸作品都有很强的抽象性和装饰性。

一般采用"阴剪"与"阳剪"相结合的表现手法，以真切地表现形体的虚实关系。"阳剪"纤细流畅，藕断丝连、丝丝入扣，而且"阳剪"以线为主，起连接作用。"阴剪"所制作的作品刚强有力，线线相断，以面为主。但在资料中还有提及："锯齿形和月牙形在剪纸上的运用更是独树一帜。"

"剪纸通常以阳剪为主，阳剪则以线为主，线线相扣，细如发丝，点、线、弧、圆的有机结合，使图案清新雅致，剔透玲珑，纤柔秀逸，精致而纯真，配以少量的阴剪则使画面粗细相生、柔中带刚，能增强表现力。"

古人云："阴阳既生，形势出矣。"这说明只要处理好阴阳的关系，优美的造型就会跃然纸上。由于受到剪刀造型和剪纸艺术的镂空效果的限制，剪纸不可能具有雕塑的强大造型能力，更没有各种绘画形式表现空间的灵活性。就现实的要求，剪纸艺术必须采用抽象的造型方式，即为避开真实再现的困难，取表意的优势。剪纸艺术对具象物体的抽象表达、对原始象形图案的收纳、对古老先民在生活中约定俗成的视觉符号的运用，堪称艺术各种表现形式的典范。

剪纸艺术的构图形式基本是以散点透视或多点透视作为主要的构图形式，一般剪纸艺术的构图是在固定的纹样或者边框轮廓内勾勒出花式纹样的手法，剪纸作品在创作中多围绕主题，运用谐音或者具有象征意义的纹样做元素组合而成。

在主题的四周均匀分布着寓意美好的象征吉祥的花草祥兽图案。图案的构图一般有方形、圆形，但部分地区也见长方形和边缘不规则图形。剪纸艺术是一种使用艺术，尺幅多受到依附物体的限制，因此，剪纸艺术必须以主题表现物体为中心，四周环绕寓意美的象征吉祥的花草纹样或飞鸟走兽，形成中间大、四周小的均衡对称构图。

（二）现代景观小品设计中的民俗剪纸

1. 景观小品设计的内涵及范围

《环境艺术设计概论》一书中对景观小品或小品景观设计做出了定义，书中将设计区域界定为城市广场，认为景观小品是指城市广场街道及其他活动空间中设置的公共设施和建筑小品，它有别于自然景观如山林、江湖、花卉、水体、峡谷，也有别于动态景观中的日出日落、月圆月缺等，包括能够给人们传递人工美学信息的环境空间，如花阶、铺装和道路等。这一类建筑小品既有实用性功能，又具有强烈的装饰效果。

景观小品设计往往被许多设计者所忽视。有的设计者认为，景观小品设计就是把普通的艺术品放置在室外。可是一旦提及艺术品，它的范畴就很难界定。我们所谓的艺术品包括摄影作品、书法作品、壁画、雕塑品以及各种工艺制品，将普通艺术品的放置空间转换就会出现不同的艺术效果。艺术家将艺术品放置在封闭的狭小空间时，这时的艺术品被称为装置艺术；艺术家将艺术品的尺幅进行调整放大，放置于户外的开放空间时，其表达的艺术张力和内涵都会出现质的变化，这时艺术品的概念就不再简单。

这里我们不得不说，直接将艺术品放置在室外空间，这种艺术家简单、纯粹的个人行为并不被称为景观小品设计，充其量也只是大尺幅的行为艺术。虽然艺术的表现形式是艺术界不断讨论的陈旧话题，但当艺术的表现力与环境的整体性、人类文化史的演变研究联系起来时，艺术的表现力和设计形式的可行性之间便建立了一种难以分割的新体系，此时艺术品的制作就会被赋予新的内涵，并对景观设计产生深远的影响力。

景观小品设计是在整个艺术门类中最具有公共性、交流性、互动性的艺术创作门类。景观小品设计既结合了艺术与自然又兼顾社会与人文，不遗余力地展示着设计者对社会的"人文关怀"，将艺术融入普通人的日常生活，通过各种手段来展现公共设施的艺术性。所以不得不说，景观小品设计完全有资格被称为"公共艺术"。

人类社会以意识的表达来联系社会成员，艺术作为人类意识的载体，成为任何一个社会阶段都不可能忽视的意识形态。艺术蕴含着一个民族的民俗生活和古老传承，表达了人们的思想情感。在景观设计中，我们依然要借助艺术来表达思想内涵。所以，使得整个园林环境生动、和谐的重要因素依旧是景观小品作品。景观小品设计不仅要满足人们的实用功能，还要为整个空间带来美的享受。

景观小品设计是环境艺术设计范畴内的一个组成部分，所以，景观小品设计就很难脱离环境艺术设计的整体思想指导，随着人类科学技术的发展及人类生活水平的不断提高，对环境艺术设计有了新的要求。

环境设计的整个系统大致经历了实用空间、行为空间（抽象空间）、符号空间（几何空间）、功能空间的四个阶段。

对于设计师而言，景观设计是个涉及内容复杂，涵盖人文、地理的设计范畴，整个设计既要符合地域、文化、人文、民族等诸多要求，又要保证其功能性、艺术性不被掩盖。在这个纷繁复杂的设计领域内，景观小品设计是一个难以界定又不可或缺的设计内容。

就景观小品设计的范围问题，不同的论著中没有统一的划分标准，暂且按其所处整体环境做出分类：

在园林景观设计中，这一类景观小品一般体积较小，但数量较多，分布面积较广，具有很强的装饰性和艺术性，对整个园林景观设计的影响较大，多集中分布于园林绿地中，具有很轻的装饰作用。

这一类景观小品一般包括圆桌、座椅、指示牌、宣传墙、景观墙、景观窗、门洞、围栏、花格博古架及照壁（祠堂、府第、寺庙等大型建筑物正对面的一堵高屏画墙，常与前围墙连在一起而比围墙高出，正对大门。一般用嵌瓷或浮雕塑绘麒麟、鹿鹤一类吉祥物等）。除此之外，园林景观的完整系统中涉及的景观小品还有花、树、池、饮水处、花台、瓶饰物、垃圾箱、纪念碑，甚至水榭、回廊等都包括其中。

2. 民俗剪纸在景观小品中的运用类型

（1）民俗剪纸与雕塑的结合运用。

景观小品设计在整个园林设计系统中具有画龙点睛的作用，能够强调整个园林系统的艺术定位和形象特征。任何景观艺术设计无非都是由点、线、面的元素构成的抽象构图，那么景观小品设计就是整个系统中点的要素，能向受众传达文化的信息和思想的内涵，使得一个园林景观设计作品拥有灵魂，在三维空间中传达美的信息。雕塑一般被定义为美化城市或用于纪念意义而雕刻塑造、具有一定寓意、象征或象形的观赏物和纪念物。

雕塑是造型艺术的一种，又称雕刻，是雕、刻、塑三种创制方法的总称，并且具有三维可观性和深刻的寓意，能够代表一段文化或者可以展现一种积极的文化精神。雕塑作品是一种具有很强艺术表现力的造型手段，"园林雕塑类景观小品的创作源泉是生活，它能够震撼人们的精神世界，能够陶冶情操，赋予整个园林系统鲜明的文化主题和深厚的艺术氛围"。虽然在中国古典园林中的石鱼、石龟、铜牛、铜鹤等的配置多受当时迷信思想的指导，但就其艺术表现力而言，至今依旧是不容忽视的，这些景观小品多具有较强的鉴赏价值和艺术收藏价值。

景观环境中的雕塑小品往往是一个自然区域的文化标杆，指示出这个自然区域的文化传统和历史韵味，是整个环境中的艺术品。所以，在设计雕塑作品时，设计者要从研究一个区域甚至一个城市的文化背景、风土人情入手，如矗立在广场上的雕塑作品就能够给观赏者带来亲切感。

剪纸艺术作为中国民间广泛使用的一种艺术表达方式，承载着人们对美好生活的向往与憧憬，虽然南北方的剪纸艺术各有特色，但在整个文化系统中它的象征意义是没有争议的。所以，雕塑作品与剪纸艺术相结合成为多数设计师所热衷的选择。

（2）民俗剪纸在座椅中的运用。

在对景观小品进行分类时我们不难看出，景观小品的作用除了置身于园林环境中具有极强观赏性的诸多作品外，还有一部分置身于公共空间内具有极强服务作用的景观小品。

强调服务功能的景观小品以其实用为主旨，所以，衡量这一部分景观小品作品的优劣，除了满足人们的审美需求外，更加注重的是它的使用价值。

公共空间内的座椅设计便是在景观环境中具有极强服务作用的景观小品。这一类景观小品在结构的合理性和使用的安全性上有很严格的要求。座椅是整个景观环境中常见的置于室外却具有家具使用功能的一种景观小品，能够为游人提供休息和交流的空间和场所。简单的直线四边结构力求简单、平衡、稳定的设计理念，已经逐步被曲线柔和的设计风格所取代。随着现代社会对美的追求，这种单一功能的设计渐渐不能满足人们的要求，随之出现了各种造型的座椅。如树桩、水果、石块等模仿自然界原本存在的动植物特征而设计出来的景观小品作品，努力实现设计作品与自然环境的完整统一。

与此同时，具有中国韵味的艺术元素在艺术设计领域得到追捧后，设计者逐渐发现民俗剪纸所具有的直线和曲线相结合的构成方式，刚柔并济，形神兼备，又将对比之变化完美结合，别具神韵。

（3）民俗剪纸在指示牌中的运用。

自然环境中的指示牌是具有使用功能的公共设施，而它的使用价值便是在园林或街道环境中指示方向。在这样的环境中存在，它的材料选择便受到限制。一般采用铸铁、不锈钢、防水木、石材等能够抵御自然环境对景观设施侵害的材料。

（4）民俗剪纸在灯具中的运用。

具有照明功能的景观小品在整个园林景观中分布较广，不仅在夜间起到照明、指示的作用，在白天还要起到造景的作用，能够对整个园林景观起到点缀、营造气氛和巩固整体风格的作用。园林中的照明方式又分为泛光照明、灯具照明和隐蔽照明，由此便要求具有照明功能的景观小品风格各异，形式多样，同时又要具有较强的艺术表现力。泛光照明、灯具照明不难理解，但依旧要考虑设计的整体定位。隐蔽照明这一类小品多应用于园林景观系统中，如水池、喷泉、雕饰、绿化、墙壁和花坛等。

灯具也是景观环境中常用的强调使用功能的设施，并且大多设置在室外。景观灯具除了要为游客的夜晚出游提供照明设施，还要为夜晚环境的美化提供灯光支持。它的使用功能要求光线舒适，能充分发挥照明功效，并且要保证使用的安全性。但在夜间灯具的艺术性往往成为自然环境的艺术代表，所以，灯具的选择也是整个设计中尤为重要的，山西太原街头的灯柱设计，很好地运用剪纸艺术的艺术特征。剪纸艺术作为一种"阴""阳"艺术，在光与影的运用上已经甚为娴熟，能够与灯具的形态与光线结合幻化出空间丰富、层次鲜明的立体空间。

（5）民俗剪纸在垃圾箱中的运用。

在一个完整的环境系统中另一个不可或缺的公共设施便是垃圾箱。它的主要功能是清洁卫生、保护环境、有效回收利用废弃物，同时还能起到美化环境、防治异味的作用。垃圾箱的设计一般是在整体造型上下足功夫，但很少关注细节的展示。不过，山西太原的城市改造致力于将文化内涵注入整个城市景观，在垃圾箱的细节上更是展示了集大成之功力。

（6）民俗剪纸在桥中的运用。

景观环境中的交通设施除了道路交通设施外，还有水路交通设施，这便不得不提及景观环境中的桥。在整个景观环境系统中它起到连接的作用，在水体环境中合理衔接其与陆地的关系，并且使景致更加具有层次感。我们在桥头装饰中最容易见到的就是圆形的吉祥图案，虽然这种艺术方式被称为石雕或者砖雕，但我们不能否认它的造型方式和结构特征与剪纸艺术具有异曲同工之妙。

第三章
现代园林景观设计的要素与程序

第一节　园林景观设计的要素

一、水体

（一）不同水体景观

水体景观设计范围为水域空间整体，包括水陆交界的滨水空间和四周环水的水上空间。根据水域空间的地域特征，水体景观可分为滨水区、驳岸、水面、堤、岛、桥等几个部分。按照平静、流动、喷涌、跌落等存在状态，水体可分为湖泊、池塘、溪流、泉、瀑布等形式。

1. 湖泊

湖泊给人一种宁静、祥和、明朗、开阔的感觉，有时也能给人神秘的感觉。湖泊不仅面积大，水面平静，而且在自然环境中给人留下的阔达、舒展、一望无际的感觉，更加让人陶醉。这些明显的审美特征是湖泊区别于其他水景的关键。在中国古典园林系统中，以湖而著名的园林或风景区不少，如济南的大明湖、扬州的瘦西湖、颐和园的昆明湖等；还有避暑山庄的湖泊组群，如意湖、澄湖、镜湖、银湖、上湖、下湖、长湖。它们或为人工湖，或为自然湖，为水泥构筑的城市景观带来了生机和活力，为忙碌的市民提供了游览、休息的场所。

2. 河流

河流是陆地表面成线形的自然流动的水体，可分为天然河流和人工河流两大类，其本质是流动的水。河流自身的一些特性，如水的流速、水深、水体的 pH 值、营养状况及河流底质都会影响其景观设置。

（1）自然河流

自然河流是降到地表的雨水、积雪和冰川的融水、涌出地面的地下水等通过重力作用，由高向低，在地表低处呈带状流淌的水流及其流经土地的总称。园林中的自然河流通常仅限于在大型森林公园或者风景区内，了解其形态特征和植被特色，有助于园林的布局。

自然河流由于土质情况和地貌状况不同，在长期不同外力的作用下，一般呈现蜿蜒的状态。水流在河流的不同部位，会形成不同流速。水湾处往往流速较为缓慢，有利于鱼类及相关水生动植物的栖息和繁衍。流速快的自然河水不利于植物在土壤中的固定，因而大部分区段河流内栖息地都鲜有植物分布，一般只在水流比较缓慢的区段，如水湾、静水区、河流湿地中生长着大量的水生植物。

（2）城市人工河流

城市人工河流是人类改造自然和构建良性城市水生态系统的重要措施。一般来说，城市人工河道主要是为了泄洪、排涝、供水、排水而开挖的，河流形态设计的基本指导思想是有利于快速泄洪和排水，有利于城市引水，因此，人工河流形态与自然河流相比，河道断面形式要简单得多，人工河流纵向一般为顺直或折弯河道形态，很少为弯曲河道形态。城市人工河流多结构简洁，水体基本静止，水中的溶解氧含量很低，不利于大多数水生植物的生长繁育和水体的自净化。

（3）园林中的溪涧

溪涧是园林中一类特殊的河流形式。《画论》中提到"峪中水曰溪，山夹水曰涧"，由此可见，溪涧最能体现山林野趣。在自然界中这种景观非常丰富，但由于自然条件限制，在园林中多为人工溪流。园林中的溪流可以根据水量、流速、水深、水宽、建材以及沟渠等进行不同形式的设计。溪流的平面设计要求线形曲折流畅，回转自如，水流有急有缓，缓时宁静轻柔，急时轻快流畅。园林中，为尽量展示溪流、小河流的自然风格，常设置各种景石，硬质池底上常铺设卵石或少量种植土。

3. 池塘

湖泊是指陆地上聚积的大片水域，池塘是指比湖泊细小的水体。界定池塘和湖泊的方法颇有争议。一般而言，池塘是小得不须使用船只渡过的水体。池塘的另一个定义则是可以让人在不被水全淹的情况下安全横过，或者水浅得阳光能够直达塘底的水体。"池塘"两字常连用，亦说圆称池，方称塘。通常池塘都没有地面的入水口，都是依靠天然的地下水源和雨水或以人工的方法引水进池。因此，池塘这个封闭的生态系统与湖泊有所不同。

（1）自然式池塘

自然式池塘是模仿自然环境中湖泊的造景手法，水体强调水际线的自然变化，水面收放有致，有着天然野趣的意味。多为自然或半自然形体的静水池，为人工修建或经人工改造的自然式水体，由泥土、石头或植物收边，适合自然式庭院或自然风格的景区。

（2）规则式池塘

规则式池塘一般包括在几何上有对称轴线的规则池塘，以及没有对称轴线但形状规整的非对称式几何形池塘，中外皆有。西方传统园林中的规则式池塘较为多见，而中国传统园林中规则式池塘多见于北方皇家园林和岭南园林，具有整齐均衡之美。如故宫御花园浮碧亭所跨的池塘、北海静心斋池塘都是长方形的；东莞可园、顺德清晖园，其池塘也呈曲尺形、长方形等几何状。规则式池塘的设置应与周围的环境相协调，多用于规则式庭园、城市广场及建筑物的外环境装饰中。池塘多位于建筑物的前方，或庭园的中心、室内大厅，尤其对于以硬质景观为主的地方更为适宜，强调水面光影效果的营建和环境空间层次的拓展，并成为景观视觉轴线上的一种重要的点缀物或关联体。

（3）微型水池

微型水池是一种最古老而且投资最少的水池，适宜于屋顶花园或小庭园。微型水池在我国其实也早已应用，多种植单独观赏的植物，如碗莲，也可兼赏水中鱼虫，常置于阳台、天井或室内阳面窗台。木桶、瓷缸都可作为微型水池的容器，甚至只要能盛30cm水深的容器都可作为一个微型水池。

4. 喷泉与瀑布

喷泉是一种自然景观，是承压水的地面露头。在众多水体类型中，泉的个性是鲜明的，可以表现出多变的形态、特定的质感、不同的水温、悦耳的音响……综合地愉悦人们的视觉、听觉、触觉乃至味觉，如济南的趵突泉。但在园林中常见的是人工建造的具有装饰功能的喷泉。从工程造价、水体的过滤和更换、设备的维修和安全等角度看，常规喷泉需要大区域的水体，但却不须求深。浅池喷泉的缺点是要注意管线设备的隐蔽，同时也要注意水浅时，吸热大，易生藻类。喷泉波动的水面不适合种植水生植物，但在喷泉周围种植深色的常绿植物会成为喷泉最好的背景，喷泉的线性在草坪和高大绿色植物的映衬下分外明显，并能形成更加清凉的空间气氛。

瀑布有两种主要形式：一是水体自由跌落；二是水体沿斜面急速滑落。这两种形式因瀑布溢水口高差、水量、水流斜坡面的种种不同而产生千姿百态的水姿。在规则式的跌水中，植物景观往往只是配角。而在自然式园林中，瀑布常以山体上的山石、树木组成浓郁的背景，同时以岩石及植物隐蔽出水口。瀑布周围的植物景观通常高度不宜太高，而密度较大，要能有效地屏蔽视线，使人的注意力集中于瀑布景观之上。由于岩石与水体颜色都较为暗淡，所以，瀑布周围往往种植彩叶植物以增加空间的色彩丰富度。

5. 沼泽与人工湿地

沼泽是平坦且排水不畅的洼地，地面长期处于过湿状态或者滞留着流动微弱的水的区域。20 世纪 60 年代兴起的环境运动使景观设计师在理论上提出景观设计中应保护和加强自然景观的概念，并进一步将这种思想付诸实践。

沼泽是一类能令人领略到原始、粗犷、荒寂和野趣的大自然本色的景观。大型沼泽园在组织游线时常在沼泽中打下木桩，铺以木板路面，使游人可沿木板路深入沼泽园，去欣赏各种沼生植物；或者无路导入园内，只能沿园周观赏。而小型的沼泽园则常和水景园结合，由中央慢慢向外变浅，最后由浅水到湿土，为各种水生、湿生植物生长创造了条件。具有沼泽部分的水景园，可增添很多美丽的沼生植物，并能创造出花草熠熠、富有情趣的景观。

从生态学上说，湿地是由水、永久性或间歇性处于水饱和状态的基质，以及水生植物和水生生物所组成的，是具有较高的生产力和较大活性、处于水陆交接处的复杂的生态系统。而人工湿地则是一种由人工建造和监督控制的，与沼泽地类似的地面，利用自然生态系统中的物理、化学、生物的三重协同作用来实现对污水的净化。起初人工湿地主要局限于环境科学领域的研究和实践中，但近年来湿地和人工湿地逐渐被引入到景观规划设计中，如中国台湾关山环保亲水公园，就涉及湿地景观这一表现主题，也将对自然的尊重纳入公园创造中，使公园成了一个都市中的自然保护展示基地和生态环境教育基地，再如成都的活水公园、北京中关村生命高科技园区的湿地景观等。

（二）水景的装饰

在城市环境的水景中，单纯通过水自身的造型来形成景观效果的很有限，常见于倒影池、戏水池、喷泉池等。大部分水景都会与各种形式的雕塑、山石，以及生物组合成景，以增加景观的多样性及层次性。

1. 水景雕塑

水景雕塑是景观雕塑的一种，它的选材要考虑与周围环境的关系。一是要注意相互协调；二是要注意对比效果；三是要因地制宜，创造性地选择材料以取得良好的艺术效果。

室外水景雕塑的材料一般分为五大类：第一类是天然石材，即花岗岩、砂石、大理石等天然石料；第二类是金属材料，以焙炼浇铸和金属板锻制成形；第三类是人造石材，即混凝土等制品；第四类是高分子材料，即树脂塑形材料；第五类是陶瓷材料，即高温焙烧制品。

随着现代技术水平及材料科学的进步，水景雕塑的形式及造景效果早已跃上了新的高度，更加强调与环境的协调、整体的统一，但又彰显个性化的艺术特征，有着更为丰富的表现形式、想象空间、主题思想。

水景雕塑按形式可分为以下两类：①圆雕，指不附着在任何背景上、适于多角度欣赏的、完全立体的雕塑，包括头像、半身像、全身像、群像和动物等类型的造像，以及各类立体的抽象雕塑，是水景中常用的雕塑形式；②浮雕，指在平面上雕出形象浮凸的一种雕塑，依照表面凸出厚度的不同，分为高浮雕、浅浮雕（薄肉雕）、比例压缩浮雕等，一些运用压缩、归纳的浮雕，又可分为单层次浮雕及多层次浮雕等形式，在水景中一般会与壁喷或落水结合。

水景雕塑按摆设位置可分为以下两类：①水面雕塑，设置在水体之中，一般位于水景中心；②水旁雕塑，布置在水体周围，如池岸、池沿等，与水体接触较少或者不接触水体。

水景雕塑按存在方式可分为以下两类：①静态水景雕塑，雕塑具有固定的基座，保持静止的状态，是水景雕塑中最为常见的一种形式；②动态水景雕塑，雕塑借助于外力或水的动能产生移动、翻滚、旋转等动态变化。

2. 水景山石

石在景观营造中虽然不像植物和水那样能改善环境气候，但它的造型和纹理都具有一定的观赏作用，与水景搭配的假山、置石更是重要的景观组成部分。在中国传统园林中，素有"水得山而媚"的造园佳话。现代的景观设计通过水石相结合，创造宁静、朴素、简洁的空间。现代水景设计中用石块点缀或组石来烘托水景的例子很多。

3. 水景生物

水生植物能给水景带来丰富的视觉色彩与情感特征，而且也是保持池塘自然生态平衡的关键因素。当然，在景观设计中，水生植物更会使水体的边缘显得柔和动人，弱化水体与周围环境原本生硬的分界线，使水体自然地融入整体环境之中。即使是非常正规、有着装饰性池沿的水池，适当点缀的水生植物也可以将其单调枯燥的感觉一扫而光。

（1）水景植物

水景植物种类繁多，是园林、观赏植物的重要组成部分。这些水景植物在生态环境中相互竞争、相互依存，构成了多姿多彩的水景植物王国。

水生观赏植物按照生活方式与形态特征分为以下六大类：

①挺水型水景植物——挺水型水生花卉植株高大，花色艳丽，绝大多数有茎、叶之分；直立挺拔，下部或基部沉于水中，根或茎扎入泥中生长发育，上部植株挺出水面。

②浮叶型水景植物——浮叶型水生花卉的根状茎发达，花大，色艳，无明显的地上茎或茎细弱不能直立，而它们的体内通常贮藏着大量的气体，使叶片或植株能平衡地漂浮于水面，常见种类有王莲、睡莲、萍蓬草、芡实等，种类较多。

③漂浮型水景植物——漂浮型水生植物的根不生于泥中，株体漂浮于水面之上，随水流、风浪四处漂泊，多数以观叶为主，为池水提供装饰和绿荫。

④沉水型水景植物——沉水型水生植物根茎生于泥中，整个植株沉入水体之中，叶多为狭长或丝状，在水下弱光的条件下也能正常生长发育。它们能够在白天制造氧气，有利于平衡水体的化学成分和促进鱼类的生长。

⑤水缘植物——水缘植物生长在水池边，从水深 23cm 处到水池边的泥里，都可以生长。水缘植物的品种非常多，主要起观赏作用。

⑥喜湿性植物——喜湿性植物生长在水池或小溪边沿湿润的土壤里，但是根部不能浸没在水中。喜湿性植物不是真正的水生植物，它们只是喜欢生长在有水的地方，其根部只有在长期保持湿润的情况下才能旺盛生长。常见的有樱草类、玉簪类和落新妇属等植物，另外还有柳树等木本植物。

（2）水景动物

观赏鱼类是主要的水景动物，可以为水景增添别具一格的情趣和四季常鲜的色彩。它们在水中优雅的姿态还可与喷泉、瀑布、水生植物等交相辉映，使碧波荡漾的池塘更加流光溢彩。观赏鱼类还有助于消灭水池中不受欢迎的昆虫。很多园林水景都通过在池塘里放养观赏鱼而增添无限的情趣和活力。

现在，观赏鱼类品种繁多，数不胜数。金鱼具有适应面广、生命力强、繁殖率高等特点；优雅的圆腹雅罗鱼比较适合大型池塘；锦鲤具有独特的花纹和鲜艳斑斓的色彩，目前已成为池塘中最受欢迎的观赏鱼类品种。

二、植物

植物的功能分为四类，即建造功能、工程功能、改善小气候功能，以及美学功能。建造功能包括限制空间、障景作用、控制室外空间的隐私性，以及形成空间序列和视线序列。工程功能包括遮阴、防止水土流失、减弱噪音、为车和行人导向。改善小气候功能包括调节风速、改变气温和湿度。美学功能包括作为景点、限制观赏线、完善其他设计要素、在景观中作为观赏点和景物的背景。也有人将植物的功能分为建造功能、环境功能、观赏功能三类。

但无论使用何种分类系统或术语，首先必须了解的是：①植物素材能发挥什么样的功能；②如何将其运用在风景中，以便有效地充分发挥其功能。虽然植物的所有功能都很重要，但本节将着重讨论其建造功能和美学功能（观赏功能），因为它们对景观的设计和建设有着突出的贡献。

（一）植物的建造功能

植物的建造功能对室外环境的总体布局和室外空间的形成非常重要。在设计过程中，首先要研究的因素之一，便是植物的建造功能。它的建造功能在设计中确定以后，才考虑其观赏特性。如前面提到，植物在景观中的建造功能是指它能充当的构成因素，如建筑物的地面、天花板、围墙、门窗一样。从构成角度而言，植物是一个设计或一种室外环境的空间围合物。然而，"建造功能"一词并非是将植物的功能仅局限于机械的、人工的环境中。在自然环境中，植物同样能成功地发挥它的建造功能。

（二）植物的观赏特性

在一个设计方案中，植物材料不仅从建筑学的角度上被运用于限制空间、建立空间序列、屏障视线，以及提供空间的私密性，还有许多美学功能。植物的建造功能主要涉及设计的结构外貌，而美学功能则主要涉及其观赏特性，包括植物的大小、色彩、形态、质地，以及与总体布局和周围环境的关系等，都能影响设计的美学特性。植物种植设计的观赏特征是非常重要的，这是因为任何一个赏景者的第一印象便是对其外貌的反应。种植设计形式也能成功地完成其他有价值的功能，比如建立空间、改变气温、保持土壤。但是，如果该设计形式不美观，那它将极受欢迎。为了使人们满意，一个种植设计，即使形式不吸引人，至少应在满足其他功能方面有独到之处。

下面主要叙述观赏植物的各种不同特性，如植物的大小、形态、色彩、质地等。同时将讨论运用植物材料进行园林设计时，对其植物大小、形态、色彩、质地等特性的利用和设计原则，并将介绍在室外环境中每种观赏植物所具有的类型、质量和作用。

1. 植物的大小

植物最重要的观赏特性之一，就是它的大小。因此，在为设计选择植物素材时，应首先对其大小进行推敲。因植物的大小直接影响着空间范围、结构关系，以及设计的构思与布局。按大小标准可将植物分为大中型乔木、小乔木和装饰植物、高灌木、中灌木、矮小灌木及地被植物等六类。

2. 植物的外形

单株或群体植物的外形，是指植物从整体形态与生长习性来考虑大致的外部轮廓。虽然它的观赏特征不如其大小特征明显，但是它在植物的构图和布局上，影响着统一性和多样性。在作为背景物，以及在设计中植物与其他不变设计因素相配合中，也是一个关键因素。植物外形的基本类型有纺锤形、圆柱形、水平展开形、圆球形、尖塔形、垂枝形和特殊形。

3. 植物的色彩

紧接植物的大小、形态之后，最引人注目的植物的观赏特征，便是植物的色彩。植物的色彩可以被看作情感象征，这是因为色彩直接影响着一个室外空间的气氛和情感。鲜艳的色彩给人以轻快、欢乐的气氛，而深暗的色彩则给人异常郁闷的气氛。由于色彩易被人看见，因而它也是构图的重要因素，在景观中，植物色彩的变化有时在相当远的地方都能被人注意到。

植物的色彩通过植物的各个部分呈现出来，如通过树叶、花朵、果实、大小枝条以及树皮等。毫无疑问，树叶的主要色彩呈绿色，其中也伴随着深浅的变化，以及黄、蓝和古铜色的色素。除此之外，植物也包含了所有的色彩，存在于春秋时令的树叶、花朵、枝条和树干之中。

植物配植中的色彩组合，应与其他观赏特性相协调。植物的色彩应在设计中起到突出植物的尺度和形态的作用。如一株植物以大小或形态作为设计中的主景时，同时也应具备夺目的色彩，以进一步引人注目。鉴于这一特点，在设计时一般应多考虑夏季和冬季的色彩，因为它们占据着一年中的大部分时间。花朵的色彩和秋色虽然丰富多彩，令人难忘，但寿命不长，仅能持续几个星期。因此，对植物的取舍和布局，只依据花色或秋色来布置，是极不明智的，因为这些特征很快就会消失。

4. 树叶的类型

树叶的类型包括树叶的形状和持续性，并在某种程度上与植物的色彩有关系。在温带地区，基本的树叶类型有三种：落叶型、针叶常绿型、阔叶常绿型。每一种树叶类型各有其特性，在室外空间的设计上也各有其相关的功能。

5. 植物的质地

所谓植物的质地，是指单株植物或群体植物直观的粗糙感和光滑感。它受植物叶片的大小、枝条的长短、树皮的外形、植物的综合生长习性，以及观赏植物的距离等因素的影响。在近距离内，单个叶片的大小、形状、外表及小枝条的排列都是影响观赏质感的重要因素；当从远距离观赏植物的外貌时，决定质地的主要因素则是枝干的密度和植物的一般生长习性。质地除随距离而变化外，落叶植物的质地也要随季节而变化。在整个冬季，落叶植物由于没有叶片，因而质感与夏季时不同，一般来说更为疏松。例如，皂荚属植物的质地，在某些景观中会随季节发生惊人的变化。在夏季，该植物的叶片使其具有精细通透的质感；而在冬季，无叶的枝条使其具有疏松粗糙的质地。

在植物配植中，植物的质地会影响许多其他因素，其中包括布局的协调性和多样性、视距感，以及一个设计的色调、观赏情趣和气氛。根据植物的质地在景观中的特性及潜在用途，通常将植物的质地分为三种：粗壮型、中粗型及细小型。

（三）植物的美学功能

从美学的角度来看，植物可以在外部空间内，将一幢房屋形状与其周围环境联结在一起，统一和协调环境中其他不和谐因素，突出景观中的景点和分区，减弱构筑物粗糙、呆板的外观，以及限制视线。这里应该指出，不能将植物的美学作用，仅局限在将其作为美化和装饰材料的意义上。下面我们将详细叙述植物的重要的美学作用。

1. 完善作用

植物通过重现房屋的形状和块面的方式，或通过将房屋轮廓线延伸至其相邻的周围环境中的方式，可完善某项设计和为设计提供统一性。例如，一个房顶的角度和高度均可以用树木来重现，这些树木具有房顶的同等高度，或将房顶的坡度延伸融汇在环境中。反过来，室内空间也可以直接延伸到室外环境中，方法就是利用种植在房屋侧旁、具有与天花板同等高度的树冠。所有这些表现方式，都能使建筑物和周围的环境相协调，从视觉上和功能上看上去是一个统一体。

2. 统一作用

植物的统一作用，就是充当一条普通的导线，将环境中所有不同的成分从视觉上连接在一起。在户外环境的任何一个特定部位，植物都可以充当一种恒定因素，其他因素变化而自身始终不变。正是它在此区域的永恒不变性，将其他杂乱的景色统一起来。这一功能运用的典范，体现在城市中沿街的行道树上，沿街的每一间房屋或商店门面都各自不同，如果没有行道树，街景就会被分割成零乱的建筑物。而另一方面，沿街的行道树又可充当与各建筑有关联的联系成分，从而将所有建筑物从视觉上连接成一个统一的整体。

3. 强调作用

植物的另一个美学作用，就是在一户外环境中突出或强调某些特殊的景物。本节开篇曾提到，植物的这一功能是借助它截然不同的大小、形态、色彩或与邻近环绕物不相同的质地来完成的。植物的这些相应的特性格外引人注目，它能将观赏者的注意力集中到其所在的位置。因此，鉴于这一美学功能，植物极其适用于公共场所的出入口、交叉点、房屋入口附近，或与其他显著可见的场所相互联合起来。

4. 识别作用

植物的另一个美学作用是识别作用，这与强调作用极其相似。植物的这一作用，就是指出或"认识"一个空间或环境中某景物的重要性和位置，能使空间更显而易见，更易被认识和辨明。植物特殊的大小、形状、色彩、质地或排列都能发挥识别作用，这就如种植在一件雕塑作品之后的高大树木。

5. 软化作用

植物可以用在户外空间中软化或减弱形态粗糙及僵硬的构筑物。无论何种形态、质地的植物，都比那些呆板、生硬的建筑物和无植被的城市环境更显得柔和。被植物所柔化的空间，比没有植物的空间更诱人、更富有人情味。

6. 框景作用

植物对可见或不可见景物，以及对展现景观的空间序列都具有直接的影响，这一点我们曾在讨论植物的构造作用部分时提到过。植物以其大量的叶片、枝干封闭了景物两旁，为景物本身提供开阔的、无阻拦的视野，从而达到将观赏者的注意力集中到景物上的目的。在这种方式中，植物如同众多的遮挡物，围绕在景物周围，形成一个景框，将照片和风景油画装入画框的传统方式，就如同那种将树干置于景物的一旁，而较低枝叶则高伸于景物之上端的方式。

三、地形

（一）地形的类型

地形可通过各种途径来加以归类和评估。这些途径包括它的规模、特征、坡度、地质构造以及形态。而在上述各地形的分类途径中，对于风景园林设计师来说，形态乃是涉及土地的视觉和功能特性的重要因素之一。从形态的角度来看，景观就是实体和虚体的一种连续的组合体。所谓实体即是指那些空间制约因素（也即地形本身），而虚体则指的是各实体间所形成的空旷地域。在外部环境中，实体和虚体在很大程度上是由下述各不同地形类型所构成的：平地、凸地、山脊、凹地以及山谷。为了便于讨论，我们暂且将其分割开来，而实际上这些地形类型总是彼此相连，相互融合，互助补足。

1. 平坦地形

平坦地形就是指任何土地的基面应在视觉上与水平面相平行。尽管理论上如此，而实际上在外部环境中，并没有这种完全水平的地形统一体。这是因为所有地面上都有不同程度的，甚至是难以觉察的坡度。因此，这里所使用的"平坦地形"术语，指的是那些总的来看是"水平"的地面，即使它们有微小的坡度或轻微的起伏，也都包括在内。此外，还应指出的是，有些人对"水平"和"平坦"两词义的区分——大多数人以及词典都将它们作为同义词来看待。

表面水平的地形，从规模上而言具有大大小小各种类型，有在基址中孤立的小块面积，也有像伊利诺伊州、堪萨斯州及佛罗里达州内的大草原和平原。除其规模之外，水平地形与其他地形相比，还具有某些独特美妙的视觉和功能特点，例如，水平地形是所有地形中最简明、最稳定的地形。由于它没有明显的高度变化，因而水平地形总处于非移动状态，并与地球引力相平衡的静态。这种地形还具有与地球的地质效应相均衡的特性。正因为如此，当一个人站立于或穿行于平坦地形时，总有一种舒适和踏实的感觉。水平地面成为人们站立、聚会或坐卧休息的一个理想场所，这是因为人们在水平地面上，无须花费精力来抵抗身体所受到的地心吸引力。当站立或坐卧于一个相对水平的地面上时，人们不用担心自己会倒向某一边，或产生"下滑"的感觉。基于同种原因，水平地域也成为建造楼房的理想场所。事实上，我们也总是人为地来创造水平地域，在斜坡地形上修筑平台，以便为楼房的耸立提供稳定性。

2. 凸地形

第二种基本地形类型是凸地形。其最好的表示方式，即以环形同心的等高线布置围绕所在地面的制高点。凸地形的表现形式有土丘、丘陵、山峦以及小山峰。凸地形是一种正向实体，同时是一负向的空间，被填充的空间。与平坦地形相比较，凸地形是一种具有动态感和进行感的地形，它是现存地形中，最具抗拒重力而代表权力和力量的因素。从情感上来说，向山上走与下山相比较，前者似乎能产生对某物或某人更强的尊崇感。因此，那些教堂、政府大厦及其他重要的建筑物，常常耸立在凸地形的顶部，以充分享受这种受"朝拜"的荣耀。它们的权威性也由于其坐落于高处而得到升华。凸地形本身是一个负空间，但它却建立了空间范围的边界。凸地形的坡面和顶部限制了空间，控制着视线出入。

一般来说，凸地形较高的顶部和陡峭的坡面，强烈限制着空间。

3. 脊地

与凸地形相类似的另一种地形叫脊地。脊地总体上呈线状，与凸地形相比较，其形状更紧凑、更集中。可以这样说，脊地就是凸地形的"深化"的变体。与凸地形相类似，脊地可限定户外空间边缘，调节其坡上和周围环境中的小气候。脊地也能提供一个具有外倾于周围景观的制高点。沿脊线有许多视野供给点，而所有脊地终点景观的视野效果最佳。这些视野使这些地点成为理想的建筑点。

4. 凹地形

凹地形在景观中可被称为碗状洼地。它并非是一片实地，而是不折不扣的空间。当与凸地形相连接时，它可完善地形布局。在平面图上，凹地形可通过等高线的分布而表示出来，这些等高线在整个分布中紧凑严密，最低数值等高线与中心相近。凹地形的形成一般有两种方式：一是当地面某一区域的泥土被挖掘时；二是当两片凸地形并排在一起时。凹地形乃是景观中的基础空间，我们的大多数活动都在其中占有一席之地。它们是户外空间的基础结构。在凹地形中，空间制约的程度取决于周围坡度的陡峭和高度，以及空间的宽度。

凹地形是一个具有内向性和不受外界干扰的空间。它可将处于该空间中任何人的注意力集中在其中心或底层。凹地形通常给人一种分割感、封闭感和私密感，在某种程度上也可起到不受外界侵犯的作用。不过，这种所谓的安全感乃是一种虚假现象，这是因为凹地形极易遭到环绕其周围的较高地面的袭击。当某人处于凹面地形中时，他与其他相邻空间和设施仅有微弱的联系，也不可能将他的视线超越凸地形的外层边缘而到达景观中的其他区域。再者，任何人从体力上来说也难以跳出凹地形。鉴于地形边缘的坡度，凹地形具有封闭性和内倾性，从而成为理想的表演舞台，人们可从该空间的四周斜坡上观看到地面上的表演。演员与观众的位置关系正好说明了凹地形的"鱼缸"特性。正因如此，那些露天剧场或其他涉及观众观看的类似结构，一般都修建在有斜坡的地面上，或自然形成的凹地形之中。纽约市洛克菲勒娱乐中心便是城市凹地形运用的典范。在这里，滑冰者在下面的冰道上进行各式表演，以吸引行人和游览者驻足观看。

凹地形除上述特点之外，还有其他一些特点。它可躲避掠过空间上部的狂风。另外，凹地形又好似一个太阳取暖器，由于阳光直接照射到其斜坡而使地形内的温度升高，使得凹地形与同一地区内的其他地形相比更暖和，风沙更少。不过，尽管凹地形具有宜人的小气候，但它还是有一个缺点，那就是比较潮湿，而且较低的底层周围尤为如此。凹地形内的降雨如不采取措施加以疏导，都会流入并淤积在低洼处。事实上，凹地形自身就是一个排水区。这样，凹地形又增加了一个潜在的功能，那就是充当永久性的湖泊、水池，或者充当暴雨之后暂时用来蓄水的蓄水池。

5. 谷地

最后，我们将讨论的地形类型叫谷地。谷地综合了某些凹地形和前面所描述的脊地地形的特点。与凹地形相似，谷地在景观中也是一个低地，具有实空间的功能，可进行多种活动。但它也与脊地相似，也呈线状，也具有方向性。前面描述过，谷地在平面图上的表现为等高线的高程是向上升的。

由于谷地具有方向特性，因而它也极适宜于景观中的任何运动。许多自然运动形式，由于运动的固有特点而通常发生在沿谷底处，或谷地的溪流、河流之上。如今，许多普通马路，甚至那些州际的高速公路，也常常穿行于谷地。谷地中的活动与脊地上的活动之差别，就在于谷地典型地属于敏感的生态和水文地域，常伴有小溪、河流及相应的泛滥区。同样，谷地底层的土地肥沃，因而它也是一个产量极高的农作物区。鉴于以上种种原因，凡须在谷地中修建道路和进行开发时，必须倍加小心，以便避开那些潮湿区域，以免敏感的生态遭到破坏。假如就在谷地内和脊地上修建道路和进行开发上给予同等选择，那么在大多数情况下，明智的做法就是在脊地上进行道路修建和其他开发，而保留谷地作为农业、娱乐或资源保护等之用。如果一定要在谷地中修建道路和进行开发，最好将这些工程分布在谷地边缘高于洪泛区域的地方，或将其分布在谷地斜边之上。在这些地带，建筑结合其他设计要素一般应呈线状，以便协调地面的坡度及体现谷地的方向特性。

（二）地形的功能

地形在园林设计中的主要功能有如下七种：

1. 分隔空间

可以通过地形的高差变化来对空间进行分隔。例如，在一个平地上进行设计时，为了增加空间的变化，设计师往往会通过地形的高低处理，将一个大空间分隔成若干个小空间。

2. 改善小气候

从风的角度而言，可以通过地形的处理来阻挡或引导风向。凸面地形、脊地或土丘等，可用来阻挡冬季强大的寒风。在我国，冬季大部分地区常刮北风或西北风，为了能防风，通常把西北面或北部处理成堆山，而为了引导夏季凉爽的东南风，可通过地形的处理在东南面形成谷状风道，或者在南部营造湖池，这样夏季就可以利用水体降温。

从日照、稳定的角度来看，地形产生地表形态的丰富变化，形成了不同方位的坡地。不同角度的坡地接受太阳辐射、日照长短都不同，温度差异也很大。例如，对于北半球来说，南坡所受的日照要比北坡充分，平均温度也较高；而在南半球，情况则正好相反。

3. 组织排水

园林场地的排水最好是依靠地表排水，因此，如果通过巧妙的坡度变化来组织排水，将会以较少的人力、财力达到最好的效果。较好的地形设计是，即使在暴雨季节，大量的雨水也不会在场地内产生淤积。从排水的角度来考虑，地形的最小坡度不应该小于5%。

4. 引导视线

人们的视线总是沿着最小阻力的方向通往开敞空间。可以通过地形的处理对人的视野进行限定，从而使视线停留在某一特定焦点上。

5. 增加绿化面积

显然对于同一块基地来说，起伏的地形所形成的表面积比平地的会更大。因此，在现代城市用地非常紧张的环境下，在进行城市园林景观建设时，加大地形的处理量会十分有效地增加绿地面积；并且由于地形所产生的不同坡度特征的场地，为不同习性的植物提供了生存空间，丰富了人工群落生物的多样性，从而可以加强人工群落的稳定性。

6. 美学功能

在园林设计创作中，有些设计师通过对地形进行艺术处理，使地形自身成为一个景观。再如，一些山丘常常被用来作为空间构图的背景。

7. 游憩功能

例如，平坦的地形适合开展大型户外活动；缓坡大草坪可供游人休憩，享受阳光的沐浴；幽深的峡谷可为游人提供世外桃源的享受；高地又是观景的好场所。

另外，地形可以起到控制游览速度与游览路线的作用；地形的变化，可以影响行人和车辆运行的方向、速度和节奏。

四、园路

（一）园路的功能

园路是贯穿全园的交通网络，是联系各个景区和景点的纽带和风景线，是组成园林风景的造景要素。

1. 组织交通

这是园路最基本的功能。园路承担着对游客的集散、疏导作用，能满足园林绿化、建筑维修、养护管理等工作的运输需要，承担着园林安全、防火、设施服务等园务工作的运输任务。

2. 组织空间

园路既是园林的纽带，同时也是园林分区的界线。在园林中，常常利用地形、建筑、植物、道路，把园林分隔成各种不同功能的景区，同时又通过道路把各景区、景点联系成一个整体。

3. 引导游览

中国园林创作讲究曲径通幽，通过园路的引导，全园的景色能逐一展现在游人眼前，使游人能从较好的位置观赏景致。它能通过自己的布局和路面铺砌的图案，引导游客按照设计者的意图、路线和角度来游赏景物。从这个意义上来讲，园路是游客的导游者。

4. 构成园景

园路蜿蜒起伏的曲线、丰富的寓意、多彩的铺装图案，都给人以美的享受。同时，园路与周围的山体、建筑、花草、树木、石景等物紧密结合，不仅是"因景设路"，而且是"因路得景"。

（二）园路的类型

1. 按平面构图分

按平面构图，园路可分为规则式园路和自然式园路。规则式园路采用严谨整齐的几何形道路布局，平面上以直线和圆弧线为主，突出人工之美；自然式园路以自然曲折的形势，随地形起伏变化而变化，没有固定的形状，平面上以自然曲线为主，通常表现出曲径通幽的意境。

2. 按性质和功能分

主要园路（主干道）供大量游人行走，必要时可通行车辆。主干道要接通主要入口处，并要贯通全园景区，形成全园的骨架。宽度一般在 3.5m 以上。

次要园路（次干道）主要用来把园林分隔成不同景区。它是各景区的骨架，同附近景区相通。宽度一般在 2.5~3.0m。

游憩小路（游步道）为引导游人深入景点、探幽寻胜之路，游步道具备引导游客游览、分散人流以及供游客休憩、游玩散步、停留的重要作用。游步道又可以分为三个类型，分别为主游路、次游路、游步道组成。游步道的合理设计规划可以为一个园林增添不少的乐趣。宽度一般在 1~2m。

3. 按路面材料分

根据路面材料的不同，园路可分为土草路、泥结碎石路、块石冰纹路、砖石拼花路、条石铺装路、水泥预制块路、方砖路、混凝土路、沥青柏油路、沥青砂混凝土路等。

第二节　园林景观的布局

一、布局的形式

园林景观尽管内容丰富、形式多样、风格各异，但就其布局形式而言，不外乎四种类型，即规则对称式与自然式，以及由此派生出来的规则不对称式和混合式。

（一）规则对称式

规则对称式布局强调整齐、对称和均衡。有明显的主轴线，在主轴线两边的布置是对称的，因而要求地势平坦，若是坡地，要修筑成有规律的阶梯状台地；建筑应采用对称式，布局严谨；园林景观设计中各种广场、水体轮廓多采用几何形状，水体驳岸严正，并以壁泉、瀑布、喷泉为主；道路系统一般由直线或有轨迹可循的曲线构成；植物配置强调成行等距离排列或做有规律的简单重复，对植物材料也强调人工整形，修剪成各种几何图形；花坛布置以图案式为主，或组成大规模的花坛群。

规则式的园林景观设计，以意大利台地园和法国宫廷园为代表，给人以整洁明快和富丽堂皇的感觉。遗憾的是缺乏自然美，一目了然，欠含蓄，并有管理费工之弊。

（二）规则不对称式

规则的，即所有的线条都有轨迹可循，但没有对称轴线，所以布局比较自由灵活。林木的配置变化较多，不强调造型，从而使绿地空间有一定的层次和深度。这种类型较适用于街头、街旁及街心块状绿地。

（三）自然式

规则不对称式布局的特点是，绿地的构图是有自然式构图，没有明显的主轴线，其曲线也无轨迹可循；地形起伏富于变化，广场和水岸的外缘轮廓线和道路曲线自由灵活；对建筑物的造型和建筑布局不强调对称，善于与地形结合，植物配置没有固定的株行距，充分利用树木自由生长的姿态，不强求造型；在充分掌握植物的生物学特性的基础上，可以将不同品种的植物搭配在一起，以自然界植物生态群落为蓝本，构成生动活泼的自然景观。

（四）混合式

混合式园林景观设计是综合规则与自然两种类型的特点，把它们有机结合起来。这种形式应用于现代园林景观设计中，既可发挥自然式园林布局设计的传统手法，又能吸取西洋整齐式布局的优点，创造出既有整齐明朗、色彩鲜艳的规则式部分，又有丰富多彩、变化无穷的自然式部分。其手法是在较大的现代园林景观建筑周围或构图中心，运用规则式布局；在远离主要建筑物的部分，采用自然式布局。因为规则式布局易与建筑的几何轮廓线相协调，且较宽广明朗，然后利用地形的变化和植物的配置逐渐向自然式过渡。这种类型在现代园林景观中用之甚广。实际上，大部分园林景观都有规则部分和自然部分，只是两者所占比重不同而已。

在做园林景观设计时，选用何种类型不能单凭设计者的主观意愿，而要根据功能要求和客观可能性决定。譬如，一块处于闹市区的街头绿地，不仅要满足附近居民早晚健身的要求，还要考虑过往行人在此做短暂逗留的需要，则宜用规则不对称式；绿地若位于大型公共建筑物前，则可做规则对称式布局；绿地位于具有自然山水地貌的城郊，则宜用自然式布局；地形较平坦，周围自然风景较秀丽，则可采用混合式布局。同时，影响规划形式的不仅有绿地周围的环境条件，还有经济技术条件和技术条件。环境条件包括的内容很多，有周围建筑物的性质、造型、交通、居民情况等；经济技术条件包括投资和物质来源；技术条件指的是技术力量和艺术水平。一块绿地决定采用何种类型，必须对这些因素做综合考量后，才能做出决定。

二、布局的基本规律

清代布颜图的《画学心法问答》中，论及布局要"意在笔先""铺成大地，创造山川，其远近高卑，曲折深浅，皆令各得其势而不背，则格制定矣。然后相其地势之情形，可置树木处则置树木，可置屋宇处则置屋宇，可通入径处则置道路，可通旅行处则置桥梁，无不顺适其情，克全其理"。园林景观设计布局与此论点极为相似，造园亦应该先设计地形，然后再安排树木、建筑和道路等。

画山水画与造园虽理论相通，但园林景观设计毕竟是一个游赏空间，应有其自身的规律。园林景观绿地类型很多，有公共绿地、街坊绿地、专用绿地、道路绿地、防护绿地和风景游览绿地等。这些类型由于性质不同，功能要求亦不尽相同。以公园来说，就有文化休息公园、动物园、植物园、森林公园、科学公园、纪念性公园、古迹公园、雕塑公园、儿童公园、盲人公园，以及一些专类性花园，如兰圃、蔷薇园、牡丹园、芍药园等。显然由于这些类型公园性质的不同，功能要求也必然会有差异，再加上各种绿地的环境、地形地貌不同，园林景观绿地的规划设计很少能出现两块相同的情况。"园以景胜，景以园异"，园林景观绿地的规划设计不能像建筑那样搞典型设计，供各地套用，必须因地制宜，因情制宜。因此，园林景观绿地的规划设计可谓千变万化，但即使变化无穷，总有一定之规，这个"规"便是客观规律。

（一）明确绿地性质并确定主题或主体的位置

绿地性质一经明确，也就意味着主题的确定。

主题与主体的意义是一致的，主题必寓于主体之中。以西湖十景之一的花港观鱼公园为例，花港观鱼公园顾名思义，以鱼为主题，花港则是构成观鱼的环境。也就是说，不是在别的什么环境中观鱼，而是在花港这一特定环境中观鱼，正因为在花港观鱼，才产生了"花著鱼身鱼嘬花"的意境，这与在玉泉观鱼大异其趣。所以，花港观鱼部分就成为公园构图的主体部分。同理，曲院风荷公园的主题为荷，荷花处处都有，所不同的是其环境，不是在别的什么地方欣赏荷花，而是在曲院这个特定的环境中观荷，则更富有诗情画意。荷池就成为这个公园的主体，主题荷花寓于主体之中。

主题是根据绿地的性质来确定的，不同性质的绿地其主题也不一样。如上海鲁迅公园是以鲁迅的衣冠冢为主题的，北京颐和园是以万寿山上的佛香阁建筑群为主题的，北海公园是以白塔山为主题的。主题是园林景观绿地规划设计思想及内容的集中表现，整个构图从整体到局部，都应围绕这个主题做文章。主题一经明确，就要考虑它在绿地中的位置及它的表现形式。如果绿地是以山景为主体的，可以考虑把主题放在山上；如果是以水景为主体的，可以考虑把主题放在水中；如果以大草坪为主体，主题可以放在草坪中心的位置。一般较为严肃的主题，如烈士纪念碑或主雕可以放在绿地轴线的端点或主副轴线的交点上。

主体与主题确定之后，还要根据功能与景观要求划出若干个分区，每个分区也应有其主体中心，但局部的主体中心，应服从于全园的构园中心，不能喧宾夺主，只能起陪衬与烘托作用。

（二）确定出入口的位置

绿地的出入口是绿地道路系统的起点与终点。特别是公园绿地，它不同于其他公共绿地，为了便于养护管理和增加经济收益，在现阶段，我国公园大部分是封闭型的，必须有明确的出入口。公园的出入口，可以有多个，这取决于公园面积大小和附近居民活动方便与否。主要出入口应设在与外界交通联系方便的地方，并且要有足够面积的广场，以缓冲人流和车辆，同时，附近还应将足够的空旷处作为停车场；次要出入口，是为方便附近居民在短时间内可步行到达而设的，因此，大多设在居民区附近，还可设在便于集散人流而不致对其他安静地区有所干扰的体育活动区和露天舞场的附近。此外，还有园务出入口。交通广场、路旁和街头等处的块状绿地也应设有多个出入口，便于绿地与外界联系和通行方便。

（三）功能分区

由于绿地性质不同，其功能分区必然相异，现举例说明：

文化休闲公园的功能分区和建筑布局公园中的休闲活动，大致可分为动与静两大类。园林景观设计的目的之一就是为这两类休闲活动创造优越的条件。安静休闲在公园的活动中应是主导方面，以满足人们休息、呼吸新鲜空气、欣赏美丽风景的需求。调节精神、消除疲劳是公园的基本任务，也是城市其他用地难以代替的。公园中，空气新鲜，阳光充足，环境优美，再加上有众多植物群及其对大自然变化的敏感性等，因而被称为城市的"天窗"。作为安静的休闲部分，在公园中所占面积应最大，分布也应最广，将丰富多彩的植被与湖山结合起来，构成大面积风景优美的绿地，包括山上、水边、林地、草地、各种专类性花园、药用植物区及经济植物区等。结合安静休闲，为了挡烈日、避风雨和赏景而设的园林景观建筑，如在山上设楼台以供远眺，在路旁设亭以供游憩，在水边设榭以供凭栏观鱼，在湖边僻静处设钓鱼台以供垂钓，沿水边设计长廊进行廊游，房接花架做室内向外的延伸，设茶楼以品茗。游人可以在林中散步，坐赏牡丹，静卧草坪，闻花香，听鸟语，送晚霞，迎日出，饱餐秀色。总之，在这儿能尽情享受居住环境中所享受不到的园林景观美、自然美。

公园中以动为主的休闲活动，包括的内容也十分丰富，大致可分为四类，即文艺、体育、游乐及儿童活动等。文艺活动有跳舞、音乐欣赏，还有书画、摄影、雕刻、盆景及花卉等展览；体育活动诸如棋艺、高尔夫球、棒球、网球、羽毛球、航模和船模等比赛活动；游乐活动更是名目繁多。对上述众多活动项目，在规划中取其相近的相对集中，以便于管理。同时，还要根据不同性质活动的要求，去选择或创造适宜的环境条件。如棋艺虽然属于体育项目，但它需要在安静的环境中进行，又如书画、摄影、盆景及插花等各种展览活动，亦需要在环境优美的展览室中进行，还有各种游乐活动亦需要乔木、灌木及花草将其分隔开来，避免互相干扰。总之，凡在公园中进行的一切活动，都应有别于在城市其他地方进行，最大的区别就在于公园有绿化完善的环境，在这儿进行各项活动都有助于休息，陶冶心情，使人精神焕发。此外，凡是活动频繁的、游人密度较大的项目及儿童活动部分，均宜设在出入口附近，便于集散人流。

经营管理部分包括公园办公室、圃地、车库、仓库和公园派出所等。公园办公室应设在离公园主要出入口不远的园内，或为了方便与外界联系也可设在园外，以不影响执行公园管理工作的适当地点为宜。其他设施一般布置在园内的一角，不被游人穿行，并设有专用出入口。

以上列举的功能分区，要根据绿地面积大小、绿地在城市中所处的位置、群众要求及当地已有文体设施的情况来确定。如果附近已有单独的游乐场、文化宫、体育场或俱乐部等，则在公园中就无须再安排类似的活动项目了。

总之，公园内动与静的各种活动的安排，都必须结合公园的自然和环境条件进行，并利用地形和树木进行合理的分隔，避免互相干扰。但动与静的活动很难全然分开，例如，在风景林内设有大小不同的空间，这些空间可以用作日光浴场、太极拳练习场等，亦可用来开展集体活动，静中有动，动而不杂，能保持相对安静；又如湖和山都是宁静部分，但人们开展爬山和划船比赛活动时，宁静暂时被打破，待活动结束，又复归平静。即使活动量很大的游乐活动，也宜在绿化完善的环境中进行，在活动中渗透着一种宁谧，让游人的精神得到更高层次上的休息。所以，对功能分区来说，儿童游戏部分，各种球类活动及园务管理部分是需要的，其他活动可以穿插在各种绿地空间之内，动的休闲和静的休闲并不需要有明确的分区界线。

（四）景色分区

凡具有游赏价值的风景及历史文物，并能独自成为一个单元的景域称为景点。景点是构成绿地的基本单元。一般园林景观绿地，均由若干个景点组成一个景区，再由若干个景区组成风景名胜区，又由若干个风景名胜区构成风景群落。

北京圆明园内大小景点有40个，承德避暑山庄内景点有72个。景点可大可小。较大者，如西湖十景中的曲院风荷、花港观鱼、柳浪闻莺、三潭印月等，都是由地形地貌、山石、水体、建筑以及植被等组成的一个比较完整而富于变化的、可供游赏的空间景域；而较小者，如雷峰夕照、秋瑾墓、断桥残雪、双峰插云、放鹤亭等，可由一亭、一塔、一树、一泉、一峰、一墓所组成。

景区为风景规划的分级概念，不是每一个园林景观绿地都有，要视绿地的性质和规模而定。把比较集中的景点用道路联系起来，即可构成一个景区。在景区以外还存在着独立的景点，这是自然现象。作为一个名胜区或大型公园，都应具有几个不同特色的景区，即景色分区，它是绿地布局的重要内容。景色分区有时也能与功能分区结合起来。例如，杭州市的花港观鱼公园，充分利用原有地形特点，恢复和发展历史形成的景观特点组成鱼池古迹、红鱼池、大草坪、密林区、牡丹园、新花港等六个景区。鱼池古迹为花港观鱼旧址，在此可以怀旧，做今昔对比；红鱼池供观鱼取乐，花港的雪松大草坪不仅为游人提供气魄非凡的视景空间，同时也提供了开展集体活动的场所；密林区有贯通西里湖和小南湖的新花港水体，港岸自然曲折，两岸花团簇锦，绿草如茵，所以，密林既能起到空间隔离作用，又能为游人提供秀丽娴雅的休息场所；牡丹园是欣赏牡丹的佳处；新花港区有茶室，是品茗坐赏湖山景色的佳处。然而景色分区往往比功能分区更加深入细致，要达到步移景异、移步换景的效果。各景色分区虽然具有相对独立性，但在内容安排上要有主次，在景观上要相互烘托和互相渗透，在两个相邻景观空间之间要留有过渡空间，以供景色转换，这在艺术上称为渐变。处理园中园则例外，因为在传统习惯上，园中园为园墙高筑的闭合空间，园内景观设计自成体系，不存在过渡问题，这就是艺术上的急转手法在园林景观设计中的体现。

（五）风景序列、导游线和风景视线

1. 风景序列

风景序列，凡是在实践中开展的一切艺术，都有开始到结束的全部过程，在这个过程中，要有曲折变化，要有高潮，否则会平淡无奇。无论文章、音乐还是戏剧都要遵循这个规律，园林景观风景的展示也不能例外，通常有起景、高潮和结景的序列变化，其中以高潮为主景，起景为序幕，结景为尾声，尾声应有余音未了之意，起景和结景都是为了强调主景而设的。

总之，园林景观风景序列的展现，虽有一定规律可循，但不能程式化，要有创新，应别出心裁，富有艺术魅力，方能引人入胜。

园林景观风景展示序列与看戏剧有相同之处，也有不同之处。相同之处，都有起始、展开、曲折、高潮及尾声等结构处理；不同之处是，看戏剧须一幕幕地往下看，不可能出现倒看戏的现象，但倒游园的情况却是经常发生的。因为大型园林景观至少有两个以上的

出入口，其中任何一个出入口都可成为游园的起点。所以，在组织景点和景区时，一定要考虑这一情况。在组织导游路线时，要与园林景观绿地的景点、景区配合得宜，为风景展示创造良好条件，这对提高园林景观设计构图的艺术效果极为重要。

2. 导游线

导游线也可称为游览路线，是连接各个风景区和风景点的纽带。风景点内的线路也有导游作用。导游线与交通路线不完全相同，导游线自然要解决交通问题，但主要是组织游人游览风景，使游人能按照风景序列的展现，游览各个景点和景区。导游线的安排决定于风景序列的展现手法。风景序列的展现手法有以下三种：

一是开门见山，众景先给予游者以开阔明朗、气势宏伟之感，如法国凡尔赛公园、意大利的台地园及我国南京中山陵园，均属此种手法。

二是深藏不露，出其不意，使游者能产生柳暗花明的意境。如苏州留园、北京颐和园、昆明西山的华亭寺及四川青城山寺庙建筑群，皆为深藏不露的典型例子。

三是忽隐忽现，入门便能遥见主景，但可望而不可即。如苏州虎丘风景区即采用这种手法，主景在导游线上时隐时现，始终在前方引导，当游人终于到达主景所在地时，已经完成全园风景点或区的游览任务。

在较小的园林景观中，为了避免游人走回头路，常把游览路线设计成环形，也可以环上加环，再加上几条登山越水的捷道即可。面积较大的园林景观绿地，可布置几条游览路线供游人选择。对一个包含许多景区的风景群落或包含许多风景点的大型风景区，就要考虑一日游、二日游或三日游行程的景点和景区的安排。

导游线可以用串联或并联的方式，将景点和景区联系起来。风景区内自然风景点的位置不能任意搬动，有时离主景入口很近，为达到引人入胜的观景效果，或者另选入口，或将主景屏障起来，使之可望而不可即，然后将游览线引向远处，使最终到达主景。

游览者有初游和常游之别。初游者应按导游线循序渐进，游览全园；常游者则可有选择性地直达要去的景点或景区，故要设捷径，捷径宜隐不宜露，以免干扰主要导游线，使初游者无所适从。在这里需要指出的是，有许多古典园林景观如留园、拙政园和现代园林景观花港观鱼公园、柳浪闻莺公园及杭州植物园等，并没有明确的导游线，风景序列不明，加之园的规模很大，空间组成复杂，层层院落和弯弯曲曲的岔道很多，入园以后的路线选择随意性很大，会令初游者产生犹如进入迷宫之感。这种导游线带有迂回、往复、循环等不定的特点，然而中国园林景观的特点，就妙在这不定性和随意性上，一切安排若似偶然，或有意与无意之间，最容易使游赏者得到精神上的满足。

3. 风景视线

园林景观绿地有了良好的导游线还不够，还须开辟良好的风景视线，给人以良好的视角和视域，才能获得最佳的风景画面和最佳的意境感受。

综上所述，风景序列、导游线和风景视线三者是密不可分、互为补充的关系。三者组织得好坏，直接关系到园林景观设计整体结构的全局和能否充分发挥园林景观艺术整体效果的大问题，必须予以足够的重视。

第三节　园林景观设计的程序

园林景观设计的程序实际上就是园林景观设计的步骤和过程，所涉及的范围很广泛，主要包括公园、花园、小区游园、居住绿地及城市街区、机关事业单位附属绿地等。其中，公园设计内容比较全面，具有园林景观设计的典型性，所以，本节以公园景观设计的程序为代表进行讲述。公园景观设计的程序主要包括园林景观设计的前期准备、制订总体规划方案和施工图设计三个阶段。

一、园林景观设计的前期准备阶段

（一）收集必要的资料

收集资料必须考虑资料的准确性、来源和日期。

1. 图纸资料

（1）原地形图

原地形图即园址范围内总平面地形图。图纸应包括以下内容：设计范围，即红线范围或坐标数字；园址范围内的地形、标高及现状物，包括现有建筑物、构筑物、山体、水系、植物、道路、水井，还有水系的进出口位置、电源等的位置，现状物中要求保留并分别注明利用、改造和拆迁等情况，四周环境情况；与市政交通联系的主要道路名称、宽度、标高点数字及走向和道路、排水方向，周围机关、单位、居住区的名称、范围及今后的发展状况；图纸的比例尺可根据面积大小来确定，可采用1：2000、1：1000、1：500等。

（2）局部放大图

局部放大图主要为规划设计范围内需要局部精细设计的部分，如保留的建筑或山石泉池等。该图纸要满足建筑单位设计及其周围山体、水系、植被、园林小品及园路的详细布局的需要。一般采用1：100或1：200的比例。

（3）要保留使用的主要建筑物的平面图、立面图

要保留使用的主要建筑物的平面图、立面图，用于注明平面位置，室内、外标高，建筑物的尺寸、颜色等内容。

（4）现状树木分布位置图

现状树木分布位置图主要用于标明要保留树木的位置，并注明胸径、生长状况和观赏价值等。有较高观赏价值的树木最好附以彩色照片。图纸一般采用1：200或1：500的比例。

（5）原有地下管线图

原有地下管线图一般要求与施工图比例相同。图内应包括要保留的给水、雨水、污水、化粪池、电信、电力、暖气沟、煤气、热力等管线位置及井位等。除平面图外，还要有剖面图，并要注明管径的大小、管底或管顶标高、压力、坡度等。图纸一般采用1：500或1：200的比例。

2. 文字资料

除收集必要的图纸外，还须收集必要的文字资料。包括如下内容：

甲方对设计任务的要求及历史状况。

规划用地的水文、地质、地形、气象等方面的资料。掌握地下水位，年、月降雨量；年最高最低温度的分布时间，年最高、最低湿度及其分布时间，年季风风向、最大风力、风速及冰凉线深度等。重要或大型园林建筑规划位置尤其需要地质勘察资料。

城市绿地总体规划与公园的关系，以及对公园设计上的要求，城市绿地总体规划图，比例尺为1：5000~1：10 000。

公园周围的环境关系、环境的特点、未来发展情况。如周围有无名胜古迹、人文资源等。

（二）收集需要了解的资料

了解公园周围的城市景观。建筑形式、体量、色彩等与周围市政的交通联系；人流集散方向；周围居民的类型与社会结构，如厂矿区、文教区或商业区等的情况。

了解该地段的能源情况。电源、水源及排污、排水；周围是否有污染源，如有毒有害的厂矿企业、传染病医院等情况。

植物状况：了解和掌握地区内原有的植物种类、生态、群落组成，还有树木的年龄观赏特点等。

了解建园所需主要材料的来源与施工情况，如苗木、山石、建材等情况。

了解甲方要求的园林设计标准及投资额度等。

（三）现场踏勘

第一，核对和补充所收集的图纸资料，如现状建筑、树木等情况，水文、地质、地形等自然条件；第二，设计者到现场勘察，可根据周围的环境条件进行设计构思，如发现可利用、可借景的景物和不利或影响景观的物体，在规划过程中分别加以适当处理。因此，无论面积大小及设计项目难易，设计者都必须到现场进行认真勘察。有的项目如面积较大或情况较复杂，还必须进行多次勘察。

（四）编制公园设计的要求和说明

设计者将所收集到的资料进行整理，并经过反复思考、分析和研究，定出总体设计原则和目标，编制进行公园设计的要求和说明。主要包括以下内容：

公园在城市绿地系统中的作用。

公园所处地段的特征及四周的环境。

公园的性质、主题艺术风格特色要求。

公园的面积规模及游人容量等。

公园的主次出入口及园路广场等。

公园地形设计，包括山体水系等。

公园的植物如基调树种、主调树种的选择要求。

公园的分期建设实施的程序。

公园建设的投资预算。

二、园林景观设计制订总体设计方案阶段

明确了公园在城市绿地系统中的作用，确定了公园总体设计的原则与目标以后，应着手进行以下设计工作：

（一）总体方案设计的图纸内容及画法

1. 位置图

位置图属于示意性图纸，表示该公园在城市区域内的位置，要求简洁明了。

2. 现状分析图

现状分析图是根据已掌握的全部资料，经分析、整理、归纳后，分成若干空间，对现状做综合评述。可用圆形圈或抽象图形将其概括地表示出来。例如，经过对四周道路的分析，根据主、次城市干道的情况，确定出入口的大体位置和范围。同时，在现状图上，可分析公园设计中的有利和不利因素，以便为功能分区提供参考依据。

3. 功能分区图

功能分区图是以总体设计的原则、以现状分析图为基础，根据不同年龄阶段游人活动的要求及不同兴趣爱好游人的需要，确定不同的分区，划出不同的空间或区域，使不同空间和区域满足不同的功能要求，并使功能与形式尽可能统一。另外，分区图可以反映不同空间、分区之间的关系。功能分区图同样可以用抽象图形或圆圈来表示。

4. 总体规划方案图（总平面图）

总体规划方案图是根据总体设计原则和目标，将各设计要素轮廓性地表现在图纸上。总体设计方案图应包括以下内容：

①公园与周围环境的关系。公园主要、次要、专用出入口与市政的关系，即面临街道的名称、宽度；周围主要单位的名称或居民区等；公园与周围园界的关系，围墙或透空栏杆都要明确表示。

②公园主要、次要、专用出入口的位置、面积、规划形式等，主要出入口的内、外广场，停车场，大门等布局。

③公园的地形总体规划。地形等高线一般用细虚线表示。

④道路系统规划，一般用不同粗细的实线表示不同宽度的道路。

⑤全园建筑物、构筑物等布局情况，建筑平面要能反映总体设计意图。

⑥全园的植物规划，图上要反映出密林、疏林、树丛、草坪、花坛、专类花园、盆景园等植物景观。此外，总体设计图应准确标明指北针、比例尺、图例等内容。

图纸比例根据规划项目面积大小而定。面积 100hm² 以上的，比例尺多采用 1：2000～1：5000；面积为 10～50hm² 的，比例尺可用 1：1000；面积 8hm² 以下的，比例尺可用 1：500。

5. 全园竖向规划图

竖向规划即地形规划。地形是全园的骨架，要求能反映出公园的地形结构。以自然山水园而论，要求表达山体、水系的内在有机联系。根据规划设计的原则、分区及造景要求，确定山形、制高点、山峰、山脉、山脊走向、丘陵起伏、缓坡、微地形，以及坞、岗、岘、岬、岫等陆地地形；同时，还要表示出湖、池、潭、港、湾、涧、溪、滩、沟，以及堤、岛等水体形状，并要标明湖面的最高水位、常规水位、最低水位线，以及入水口、排水口的位置（总排水方向、水源及雨水聚散地）等。此外，也要确定主要园林建筑所在地的地面高程，桥面、广场及道路变坡点的高程等。还必须标明公园周围的市政设施、马路、人行道及与公园邻近单位的地坪高程，以便确定公园与四周环境之间的排水关系。

表示方法：规划等高线用细实线表示，原有等高线用细虚线表示，或用不同颜色的线条分别表示规划等高线和原有等高线。规划高程和原有高程也要以粗细不同的黑色数字或颜色不同的数字区别开来，高程一般精确到小数点后两位。

6. 园路、广场系统规划图

以总体规划方案图为基础，首先在图上确定公园的主次出入口、专用入口及主要广场的位置；其次确定主干道、次干道等的位置及各种路面的宽度、排水坡度等，并初步确定主要道路的路面材料、铺装形式等。图纸上用虚线画出等高线，再用不同的粗线、细线表示不同级别的道路及广场，并将主要道路的控制标高注明。

7. 种植总体规划图

根据总体规划图的布局、设计的原则，以及苗木的情况，确定全园的基调树种、各区的侧重树种及最好的景观位置等。种植总体规划内容主要包括密林、草坪、疏林、树群、树丛、孤立树、花坛、花境、园林种植小品等不同种植类型的安排及月季园、牡丹园、香花园、观叶观花园、盆景园、观赏或生产温室、爬蔓植物观赏园、水景园等以植物造景为主的专类园。

8. 园林建筑布局图

要求在平面上反映全园总体设计中建筑在全园的布局，主要、次要、专用出入口的售票房、管理处、造景等各类园林建筑的平面造型，大型主体建筑、展览性、娱乐性、服务性等建筑平面位置及周围关系。还有游览性园林建筑，如亭、台、楼、阁、树、桥、塔等类型建筑的平面安排等。除平面布局外，还应画出主要建筑物的平面图、立面图。

9. 管线总体规划图

根据总体规划要求，以种植规划为基础，确定全园的上水水源的引进方式；水的总用量，包括消防、生活、造景、喷灌、浇灌、卫生等；上水管网的大致分布、管径大小、水压高低等。确定雨水、污水的水量，以及排放方式、管网大体分布、管径大小及水的去处等。北方冬天需要供暖，则要考虑供暖方式、负荷多少、锅炉房的位置等。

表示方法：在种植规划图的基础上，以不同粗细或不同色彩的线条表示，并在图例中注明。

10. 电气规划图

根据总体规划原则，确定总用电量、用电利用系数、分区供电设施、配电方式、电缆的敷设及各区各点的照明方式等，还要确定通信电缆的敷设及设备位置等。

11. 鸟瞰图

通过钢笔画、钢笔淡彩、水彩画、水粉画、计算机三维辅助设计或其他绘画形式直观地表达园林设计的意图，园林设计中各景区、景点、景物形象的俯视全景效果图。鸟瞰图制作要点如下：

①可采用一点透视、两点透视、轴测法或多点透视法作鸟瞰图，但在尺度、比例上要尽可能准确地反映景物的形象。

②鸟瞰图应注意"近大远小，近清楚远模糊，近写实远写意"的透视法原则，以达到鸟瞰图的空间感、层次感、真实感。

③一般情况下，除了大型公共建筑，城市公园内的园林建筑和树木比较，树木不宜太小，以 15~20 年树龄的高度为画图的依据。

④鸟瞰图除表现公园本身，还要画出周围环境，如公园周围的道路交通等市政关系，公园周围的城市景观，以及公园周围的山体、水系等。

（二）总体设计说明书编制

总体设计方案除了图纸外，还要求有一份相对应的文字说明书，全面说明项目的建设规模、设计思想、设计内容，以及相关的技术经济指标和投资概算等。具体包括以下几个方面：

项目的位置、现状、面积。

项目的工程性质、设计原则。

项目的功能分区。

设计的主要内容。包括山体地形、空间围合、湖池、堤岛水系网络、出入口、道路系统、建筑布局、种植规划、园林小品等。

管线、通信规划说明。

管理机构。

三、园林景观设计的施工图设计阶段

在上述总体设计阶段，有时甲方要求进行多方案的比较或征集方案投标。经甲方与有关部门审定、认可并对方案提出新的意见和要求，有时总体设计方案还要做进一步的修改和补充。在总体设计方案最后确定以后，接着就要进行详细的施工图设计工作。施工图设计与总体方案设计基本相同，但需要更深入、更精细的设计，因为它是进行施工建设的依据。

（一）图纸规范要求

图纸要尽量符合中华人民共和国住房和城乡建设部的《建筑制图标准》的规定。图纸尺寸如下：0 号图为 841mm×1189mm，1 号图为 594mm×841mm，2 号图为 420mm×594mm，3 号图为 297mm×420mm，4 号图为 297mm×210mm。

4 号图不得加长，如果要加长图纸，只允许加长图纸的长边，特殊情况下，允许加长 1~3 号图纸的长度、宽度，0 号图纸只能加长长边，加长部分的尺寸应为边长的 1/8 及其倍数。

图纸要注明图头、图例、指北针、比例尺、标题栏及简要的图纸设计内容的说明。图纸要求字迹清楚、整齐，不得潦草；图面清晰、整洁，图线要求分清粗实线、中实线、细实线、点划线、折断线等，并准确表达对象。图纸上的文字、阿拉伯数字要清晰规整。

（二）施工设计平面的坐标及基点、基线要求

一般图纸均应明确画出设计项目范围，画出坐标网及基点、基线的位置，以便作为施工放线之依据。基点、基线的确定应以地形图上的坐标线或现状图上工地的坐标据点，或现状建筑屋角、墙面，或构筑物、道路等为依据，必须纵横垂直。一般坐标以依图面大小每 10m 或 20m、50m 的距离，从基点、基线向上、下、左、右延伸，形成坐标网，并标明纵横标的字母，一般用英文字母 A、B、C、D……和对应的 A′、B′、C′、D′……及阿拉伯数字 1、2、3、4……和对应的 1′、2′、3′、4′……，从基点 0、0′坐标点开始，以确定每个方格网交点的纵横数字所确定的坐标作为施工放线的依据。

（三）施工图纸要求内容

图纸要注明图头、图例、指北针、比例尺、标题栏及简要的图纸设计内容的说明。图纸要求字迹清楚、整齐，不得潦草；图面清晰、整洁，图线要求分清粗实线、中实线、细实线、点画线、折断线等线型，并准确表达对象。图纸上的文字、阿拉伯数字最好用打印字剪贴复印。

（四）施工放线总图

主要表明各设计要素之间具体的平面关系和准确位置。图纸内容包括：保留利用的建筑物、构筑物、树木、地下管线等；设计的地形等高线、标点高、水体、驳岸、山石、建筑物、构筑物的位置、道路、广场、桥梁、涵洞、树种设计的种植点、园灯、园椅、雕塑等全园设计内容。

（五）地形设计总图

地形设计总图的主要内容：平面图上应确定制高点、山峰、台地、丘陵、缓坡、平地、微地形、丘阜、岛及湖、池、溪流等的具体高程，入水口、出水口的标高，各区的排水方向，雨水洪点及各景区园林建筑、广场的具体高程。一般草地最小坡度为 1%，最大不得超过 33%，最适坡度在 1.5%～10%，人工剪草机修剪的草坪坡度不应大于 25%。一般绿地缓坡坡度在 8%～12%。

地形设计平面图还应包括地形改造过程中的填方、挖方内容。在图纸上应写出全园的挖方、填方数量，说明应进园土方或运出土方的数量及挖、填土之间土方调配的运送方向和数量，一般力求全园挖、填土方取得平衡。

除了平面图，还要求画出剖面图，主要部位如山形、丘陵、坡地的轮廓线及高度、平面距离等，要注明剖面的起讫点、编号，以便与平面图配套。

（六）水系设计

除了陆地上的地形设计，水系设计也是园林景观设计十分重要的组成部分，平面图应表明水体的平面位置、形状、大小、类型、深浅及工程设计要求。

首先，应完成进水口、溢水口或泄水口的大样图；然后，从全园的总体设计对水系的要求考虑，画出主、次湖面，堤、岛、驳岸的造型，溪流、泉水等及水体附属物的平面位置，以及水池循环管道的平面图。

纵剖面图要表示出水体驳岸、池底、山石、汀步、堤、岛等工程做法图。

（七） 道路、广场设计

平面图要根据道路系统的总体设计，在施工总图的基础上，画出各种道路、广场、地坪、台阶、盘山道、山路、汀步、道桥等的位置，并注明每段的高程、纵坡、横坡的数字。一般园路分主路、支路和小路三级。园路最低宽度为 0.9m，主路一般为 5m，支路在 2~3.5m。国际康复协会规定残疾人使用的坡道最大纵坡为 8.33%，所以，主路纵度上限为 8%。山地公园主路的纵坡应小于 12%。支路和小路、园路的最大纵坡为 15%，郊游路为 33.3%。综合各种坡度、《公园设计规范》规定，支路和小路纵坡宜小于 18%。超过 18% 的纵坡，宜设台阶、梯道；并且规定，通行机动车的园路宽度应大于 4m，转弯半径不得小于 12m。一般室外台阶比较舒适的高度为 12cm，宽度为 30cm，纵坡为 40%。长期园林实践数字：一般混凝土路面的纵坡在 0.3%~5% 之间，横坡在 1.5%~2.5% 之间；园石或拳石路面的纵坡在 0.5%~9% 之间，横坡在 3%~4% 之间；天然土路的纵坡在 0.5%~8% 之间，横坡在 3%~4% 之间。

除了平面图，还要求用 1:20 的比例绘出剖面图，主要表示各种路面、山路、台阶的宽度及其材料、道路的结构层（面层、垫层、基层等）厚度做法。注意每个剖面都要编号，并与平面图配套。

（八） 园林建筑设计

要求包括建筑的平面设计（反映建筑的平面位置朝向、与周围环境的关系）、建筑底层平面、建筑各方向的剖面、屋顶平面必要的大样图、建筑结构图等。

（九） 植物配置

种植设计图上应表现树木花草的种植位置、品种、种植类型、种植距离及水生植物等内容，应画出常绿乔木、落叶乔木、常绿灌木、开花灌木、绿篱、花篱、草地、花卉等的具体位置、品种、数量、种植方式等。

植物配置图一般采用 1:500、1:300、1:200 的比例尺，根据具体情况而定。大样图可用 1:100 的比例尺，以便准确地表示出重要景点的设计内容。

（十） 假山及园林小品

假山及园林小品，如园林雕塑等，也是园林造景中的重要因素，一般最好做成山石施工模型或雕塑小样，便于施工过程中能较理想地体现设计意图。在园林设计中，主要提出设计意图、高度、体量、造型构思、色彩等内容，以便与其他行业相配合。

（十一）　管线及电信设计

在管线规划图的基础上，表现出给水（造景、绿化、生活、卫生、消防）、排水（雨水、污水）、暖气、煤气等，应按市政设计部门的具体规定和要求正规出图，主要注明每段管线的长度、管径、高程及如何接头，同时注明管线及各种井的具体位置、坐标。

同样，在电气规划图上具体标明各种电气设备、灯具位置、变电室及电缆的走向和位置等。

（十二）　设计概算

土建部分：可按项目估价，算出汇总价；或按市政工程预算定额中园林附属工程的定额计算。绿化部分：可按基本建设材料预算价格中苗木单价表及建筑安装工程预算定额中的园林绿化工程定额计算。

第四章
现代园林景观中的空间设计

第一节　园林景观的空间类型

一、园林景观空间概述

空间中担当实体的不仅仅是建筑结构，还包括其他能够构成虚的任一物态，如植被、雕塑、水体等。建筑的构成本身只是"虚在内，实在外"的一种格局，而园林景观中，景墙隔断、雕塑等元素，则多为"虚在外，实在内"的模式。

此外，关于实与虚的理解，还可以扩延到物理的和精神的层面，这样，园林景观的空间就具有双重性质。它既是实体空间与虚体空间的结合，又是由物理空间（实）与人的艺术感受"虚拟空间"（区域的心理暗示）的结合。因此，园林景观空间是实用空间、结构空间和审美空间的有机统一体。当然，也有学者认为可以用有形空间和无形空间加以界定。

二、园林景观的空间类型分析

（一）按使用性质分类

1. 休闲空间

休闲是指在非劳动和非工作时间内以各种"玩"的方式求得身心的调节与放松，达到体能恢复、身心愉悦、保健目的的一种生活方式。休闲空间就是满足以上功能的相对于劳作的休憩空间，包括公园、步行街、居住区绿地、娱乐广场等，空间较开阔舒适。

2. 特型空间

所谓特型空间是指跳出常规的思维模式或具有特殊目的、为特定的对象服务而营建的景观空间。在这些景观空间中，设计目标明确，针对性强，并具有具象的诱发与抽象的联想，追求创新精神与时代特色。城市公共绿地中针对儿童、老年人的活动空间，具有相对固定的使用人群和相应的服务要求，亦属于特型景观空间。在针对具体基地情况进行处理的过程中，滨水景观空间、街道景观空间、城市产业废弃地的生态修复等都可以成为特型景观空间。

（二）按人对空间的占有程度分类

1. 公共空间

所谓的公共空间一般指尺度较大，人们较易进入，周边拥有较完善的服务设施的空间。公共空间开放程度最大，个体领域感最弱。这样的空间，常常被称为城市的客厅。这类空间除了带来丰富多彩的户外活动外，通常还可作为区域或城市的标志性空间。因此，公共空间除了多样的功能特征外，还具有标志和象征的意义，包括城市广场、商业步行街、综合社区中心，以及开放的公园和绿地等。

2. 半公共空间

相对于公共空间，半公共空间则在空间的领域感上有所要求，尽管与公共空间在性质上很相似，但使用者对于空间的认同感强于公共空间。这类空间常包括社区的入口、居住区的中心绿地和道路及住宅组团之间的活动场地（如烧烤区、网球场、溜冰场等）。

3. 半私密空间

半私密空间在领域感上有程度更深、更细致的要求。这类空间的尺度相对较小，围合感强，人在其中感觉对空间有一定的控制和支配的能力。这样的空间通常包括公园的长廊、安静的小亭、开放的门前花园，以及宅间的道路等地方。

4. 私密空间

私密空间在四种空间类型之中个体领域感最强，对外开放性最小，通常在尺度的大小、领域的归属感及场地的所有权等方面有着更加严格的要求。通常包括住宅的前庭后院、公园里幽深的亭阁、密林中小块的空地等。

（三）按空间的构成方式分类

景观设计的初步要解决空间的宏观与微观处理，在原有空间的基础上，设计者可以通过种种限定手法塑造和构成更为丰富多层次的空间状态，通常有如下几种：围合、设立、架起、凸起、凹入、覆盖、虚拟与虚幻等。

1. 围合空间

围合是最典型的空间限定方法，是通过立面围合形成的空间，具有明确的范围和形式，最易使人感受到它的大小、宽窄和形状，且与外部空间的界限分明。园林景观中，起到屏障作用的隔断、景墙、植被等元素都可以被作为围合限定元素使用。其封闭程度、与人的尺度比，以及材料的通透度等差异，均会使人产生不同程度的限定感。

（1）界面封闭程度决定围合限定度

无论矩形还是圆形空间，限定度与人对空间的感知直接相关，当界面封闭程度较弱时，人会通过直觉完整化空间，但空间感较弱，面积近乎灰度；随着界面封闭程度增加，空间感更易趋向完整；当界面接近完全封闭时，空间感达到最强。反之，随着围合界面的减少，空间限定度随之弱化。

（2）界面与人的高度比，及其与人的远近决定围合限定度

当垂直界面较低，相距较远，使人的视线可轻易穿越，空间限定程度最弱；当垂直界面略高于人的身体尺度且相距较近时，空间限定程度随之增强；当垂直界面的高度是人的身体尺度的倍数且相距更近时，空间限定程度最强。

（3）界面材料的通透度决定围合限定度

当界面材料为实体且视觉上无法穿越时，空间限定度最强；当界面材料为实体但比较通透并具有一定的可视性时，限定度较弱；当构成界面的材质分布稀疏，可视性较好时，空间限定度最弱。

2. 设立空间

设立是一种含蓄的空间暗示手法，是通过单个或成组元素的设置，在原有空间中产生新的空间，它通常表现为外部虚拟的环形空间，或是具有通道的特定功能，或起到视线焦点的引导作用。它所达到的限定感与限定元素的高度、体量、材质、布局形式及蕴含的文化内涵对人心理的作用都有关，并且暗示程度因人而异。

景观中可以作为设立元素的如：亭榭、牌坊等建筑，石凳、坐椅等设施，雕塑、栽植等。

3. 凸起空间

凸起可以看作是不解放下部空间的"架起"，是为强调、突出和展示某一区域而在原有地面上形成高出周围地面的空间限定手法，其限定度随凸起高度而增加，凸起空间本身会成为关注的焦点或起到分流空间的作用。当凸起手法用于地台时，处在上方的人有一种居高临下的优越的方位感，视野开阔。

4. 凹入空间

凹入是与凸起相对的一种空间限定手法。凹入空间的底面标高比周围空间低,有较强的空间围护感,性格内向。它与凸起都是利用地面落差的变化来划分空间的。处在凹入空间中的人视点较低,感觉独特新鲜。与凸起相比,凹进具有隐蔽性,凸起具有显露性。

5. 架起空间

架起空间与凸起有一定的相似,是在原空间的上方通过支架形成一个脱离于原地面的水平界面。其上部空间为直接限定,承担主要功用;而下部腾空形成间接限定,承担次要功用,仅满足通风、造型的需要。

架起空间的上部限定度强,架起越高,限定感越强;下部限定度弱,是附带的覆盖。

6. 覆盖空间

覆盖是空间限定的常用方式。它一般借助上部悬吊或下部支撑,在原空间的上方产生近乎水平界面的限定元素,从而在其正下方形成特定的限定空间,这一手法称为覆盖。雨伞就是活动性的覆盖空间。

覆盖空间的限定度因限定元素的质地与透明度、结构繁简、体量大小,以及离地面距离等的差异而不同。室外环境中可作为覆盖空间的有景亭、候车亭、回廊、树木等。

同时,覆盖也是空间引导的方式之一。覆盖面呈阶梯或曲面状起伏时,下部空间将被多次限定,从而完成方向性的引导。

7. 虚拟空间和虚幻空间

虚拟空间是指在原空间中通过微妙的局部变化再次限定的空间,它的范围没有明确的隔离形态,也缺乏较强的限定度,通常依靠不同于周围的材料、光线、微妙高差、植栽手法来暗示区域,或通过联想和视觉完形来实现,亦称心理空间。

虚幻空间是戏剧性空间的处理手法,利用人的错觉与幻觉,构成视觉矛盾,并利用现代技术的一切可能性,如水、雾、声、光、电、镜面、迷彩等技术与人造材料的综合运用,创造有丰富审美体验的景观空间;也有运用色彩的强烈对比、照明的变幻莫测、线型的动荡、图案的抽象制造视错觉的做法,以丰富空间的层次。

第二节 空间序列中的现代构成法则

景观空间设计的基本构成元素有点、线、面、形体、色彩、肌理等,其中,由点成线、由线成面、由面成体是最重要的组织构成方式，而色彩与肌理则赋予形体精神定义。

一、构成语言的应用

（一）点的聚焦与造境

从几何学的角度理解，点是一个"只有位置、没有面积的最基本的几何单位"，是一切形体的基本要素；从设计学的角度理解，点是一种"具有空间位置的视觉单位"，它在理论上没有方位、没有长宽高，是静态的，但实际上却是具有绝对面积和体积的，这完全取决于它与周围环境的相对关系。在景观序列中，只要在对比关系中相对小的空间与形体，如小体量的构筑物、植栽、铺装、灯具等都可视为点。

一方面，点可以作为贯通空间的景观节点：当景观中的多个点产生节奏性运动时就构成了景观序列的节点，点的连续运动便构成了带状景观，在一定程度上起到引导流程的作用；另一方面，点可以作为空间中聚焦和造境的手段：构成点的可见材料、形式、色彩等会强化点给人的心理感受，使之成为视觉的焦点，如灯具、雕塑、导向牌；而点的组织方式也有创造情境的作用，有规律排布的点，给人一种秩序井然的感觉，反之则有活泼灵动的效果。

（二）线的透视与导引

线从几何学的角度理解是"点的移动轨迹"或"面与面的交接处"。在景观设计中，凡长度方向较宽度方向大得多的构筑物和空间均可视为线，如道路、带状材质、绿篱、长廊等。

线在造型范畴中，分为直线、斜线、曲线，线由不同的组合形式表达各种情感和意义。直线，是景观设计中最基本的形态，在景观构成中具有某种平衡性，因为直线本身很容易适应环境，是构成其他线段的理论与造型基础；曲线与折线可视为直线的变形线，曲线在自然景观与人工景观中都是最常见的形式，能缓解人的紧张情绪，使人得到柔和的舒适感；斜线最具动感与方向性，有出色的导向性与方向感。

在园林景观中，道路、长廊的线性特征可以产生明确的方向；高大绿化的有韵律排列与道路的结合具有强烈的透视效果；线性材质运用在垂直界面时，表现为竖向可以加强空间的高度感，表现为水平时则有降低高度和扩大空间的作用，同样，点的尺度变化也会起到调节空间感的作用。

（三）面的联想与重构

面从几何学的角度理解是"线的移动轨迹"或"体与体的相接处"，直线展开为平面，曲线展开为曲面。在平面中，水平面平和宁静，有安定感；垂直面较挺拔，有紧张感；斜面动势强烈。曲面则常常显得温和亲切、奔放浪漫。

面的视觉形态及排列方式体现着一定的空间精神和性格。圆形空间，限定感较强，给人以愉悦、温暖、柔和、湿润的联想；三角形给人以凉爽、锐利、坚固、干燥、强壮、收缩、轻巧、华丽的联想；矩形给人以坚固、强壮、质朴、沉重、有品格、愉快的联想。

空间设计之初最关键的工作，就是根据功能经营面积，根据实际使用需求确定各个空间形状、大小、交叠与穿插关系，然后遵循"相交""相切""相离"的解构法则推衍空间格局和道路划分。其形态繁衍方式如下：

一是原形分解：将整形分解后，选取最具特征的局部形态分裂变异，重新组合；

二是移动位置：打破原有组织形式，将原形移动分解后重新排列；

三是切除：选择具有视觉美感的角度将原形逐步分切，保留最具特征的部分，切除其他，重新构成。

总之，打散重构的方法，就是将原形分解后对形象进行变异、转化，使之产生新形态。这是空间设计对平面构成语言、图形创意手法的借鉴，会带来强烈的形式美感。

（四）色彩与质感的丰富知觉

在景观空间中，色彩是重要的造型手段，最易于创造气氛和传达感情。通常人通过视觉进行感知，造成特定的心理效应。它的存在必须依托于实体，但比实体具有的形态、材质、大小有更强的视觉感染力。作为一种廉价的设计手法，只要进行巧妙组合就能创造出神奇的空间氛围。

色彩因色相、明度、饱和度的不同给人以冷暖、软硬、轻重的直观感受，而且具备一定的象征意义。景观环境中色彩的应用可以借鉴其基本属性和心理效应加以定位，然后在定位的框架内完成配色。方法有以下三类：

1. 同类色相配色法

采用某一种色彩，做明度、饱和度的微妙变化，最大的优点是色彩过渡细腻、情感倾向明确，但要避免单调化。同类色相配色法一般用于相对静谧的空间。

2. 类似色配色法

选择一组类似色，通过其明度和饱和度的配合，产生一种统一中富有变化的效果，这种方法容易形成高雅、华丽的视觉效果，适合于中型空间和动态空间。

3. 补色配色法

选择一组对比色，充分发挥其对比效果，并通过明度与饱和度的调节及面积的调整而获得鲜明的对比效果。其视觉感强烈活泼，适合大型动态空间。如果加入无彩色或过渡色还可以取得更为和谐统一的效果。

材料与质感是园林景观设计的重要元素，成功的设计离不开对材质的独到运用。常见的材料按质地可以分为硬质材料和柔性材料，按加工程度可以分为精致材料和粗犷材料，按种类可以分为天然材料和人工材料。

材料的物理学特性给人以不同的感受，如重量感、温度感、空间感、尺度感、方向感、力度感等，使人可以更深入地体会空间的精妙。所以，对于材料的搭配除遵循相似、对比、渐变等基本法则外，还要考虑材质质感与观赏距离的关系，既要有远视觉的整体效果，也要有近观的细部；同时，要考虑质地与身体触感的关系，如借助地面铺装实现按摩保健、情境感知等功用，所以，经过精心设计的质感空间，往往有利于鼓励人的参与，使场景更具亲和力；再者，还要充分考虑质地与空间面积的关系，粗犷的材质有前驱感，易造成空间的"收缩"和"膨胀"，反之，细腻的材质有"收敛"和"静默"感，比较适宜较小和静态的空间。

总之，材质的运用应当尽可能结合空间的功能，创造诸如亲切的、易于接近的、严肃的、冷峻的、远离的、具有纪念性的等各种性格的空间，利用不同质感的进退特征塑造空间的立体感、深远感。

二、设计元素的形式美法则

（一）比例与尺度

比例是空间各序列节点之间、局部与周边环境之间的大小比较关系。景观构筑物所表现的不同比例特征应和它的功能内容、技术条件、审美观点相呼应。合适的比例是指景观各节点、各要素之间及要素本身的长、宽、高之间有和谐的整体关系。尺度是景观构筑物与人身体高度、场地使用空间的度量关系。如果高度与常规的身高相当，则给人以亲切之感；如果高度远远超出常规身高，则给人以雄伟、壮观的感受。所以，在空间设计中可以把比例与尺度作为塑造空间感的手段之一。

（二）对比与微差

对比是指要素之间的差异比较显著，微差则指要素之间的差异比较微小，在景观设计中，二者缺一不可。对比可以借景观构筑物和各元素之间的烘托来突出各自的特点以求变化；微差则可以借相互之间的共同性求得和谐。没有对比，会显得单调；过分对比，会失去协调，造成混乱。二者的有机结合，才能实现既变化又统一。

空间设计中常见的对比与微差包括形态、体量、方向、空间、明暗、虚实、色彩、质感等方面。巧妙地利用对比与微差具有重要的意义。景观设计元素应在对比中求调和，在调和中求对比。

（三）均衡与稳定

均衡是景观轴线中左右、前后的对比关系。各空间场所、各景观构筑物，以及构筑物与整体环境之间都应当遵循均衡的法则。均衡最常用对称布置的方式来取得，也可以用基本对称及动态对称的方式来取得，以达到安定、平衡和完整的心理效果。对称是极易达到均衡的一种方式，但对称的空间过于端庄严肃，适用度受限；基本对称是保留轴线的存在，但轴线两侧的手法不完全相同，这样显得比较灵活，动态均衡是指通过前后左右等方面的综合思考以求达到平衡的方法，这种方法往往能取得灵活自由的效果。

稳定是指景观元素形态的上下之间产生的视觉轻重感。传统概念中，往往采用下大上小的方法获取体量上的稳定，也可利用材料、质地、色彩的不同量感来获得视觉心理的稳定。

（四）韵律与节奏

韵律与节奏是视觉对音乐的通感，表现在空间设计中，通常是将具有同一基因的某一元素做有规律、有组织的变化，其表现形式有连续韵律、渐变韵律、起伏韵律、交错韵律等。连续韵律一般是以一种或几种要素连续重复排列，各要素之间保持恒定的关系与距离，可以无休止地连绵延长，往往可以给人以规整整齐的强烈印象；渐变韵律是指连续重复的要素按照一定的秩序或规律逐渐加长或缩短、变宽或变窄、增大或减小，产生的节奏和韵律，具有一定的空间导向性；当连续重复的要素相互交织、穿插，就可能产生忽隐忽现的交错韵律；当渐变韵律按照一定的规律时而增加、时而缩小，有如波浪起伏或者具有不规则的节奏感时，即形成起伏韵律。

空间中的韵律可以通过形体、界面、材质、灯具、植栽等多种方式来实现。这样，由于韵律本身具有的秩序感和节奏感，可以使园林景观的整体空间达到既有变化又有秩序的效果，从而体现出形式美的原则。

第三节　园林景观空间构成的细部要素设计

一、地面铺装

铺装是指在环境中采用天然或人工铺地材料，如沙石、混凝土、沥青、木材、瓦片、青砖等，按一定的形式或规律铺设于地面，又称铺地。铺装不仅包括路面铺装，还包括广场、庭院、户外停车场等地的铺装。园林景观空间的铺装有别于纯属于交通的道路铺装，它虽然也为保证人流疏导，以便捷为原则，但其交通功能从属于游览的需求。因此，色彩和形式语言都相对丰富，同时，因为大多数园林中的道路要承载的负荷较低，在材料的选择上更趋多样化，肌理构成更为巧妙宜人。

园林景观的铺装通常与建筑物、植物、水体等共同组景，因地制宜，在风格、主题、氛围等方面要与周围的环境协调一致。手法上可做单一材料的趣味拼接，可利用不同质地色彩做图形构成，可结合树根、井盖做美化与保护；形式上可借鉴某种生活体验加以抽象，使人联想水流、堤岸、汀步、栈桥、光影、脚印等；甚至在主题上加以创意表现，例如置入钟表、手模等概念。

二、植物要素设计

植物是软质景观的一种，具有维持生态平衡、美化环境等作用，集实用机能、景观机能等多重意义于一体。罗宾奈特在《植物、人和环境品质》中将植被的功能总结为如下四个方面：①建筑功能：界定空间，遮景，提供私密性空间和创造系列景观等；②工程功能：防止眩光，防止土壤流失，防噪音及交通视线诱导；③调节气候功能：遮阳，防风，调节温度和影响雨水的汇流等；④美学功能：强调主景、框景及美化其他设计元素，使其作为景观焦点或背景。

植物的形态是构成景观环境的重要因素，为景观环境带来了多种多样的空间形式。它是活的景观构筑物，富有生命特征和活力。

（一）园林景观植物设计的常规手法

1. 乔木

"园林绿化，乔木当家。"因高度超过人的视线，乔木在景观设计上主要用于景观分隔与空间的围合。处理小空间时，用于遮蔽视线与限定不同的功能空间范围，或与大型灌木结合，组织私密性空间或隔离空间。

2. 灌木

灌木在园林植物群落中属于中间层，起着连贯或过渡乔木与地面、建筑与地面的作用。其平均高度与人的水平视线接近，极易形成视觉焦点。灌木是主要的观赏植物，可与景物如假山、建筑、雕塑、凉亭等配合，亦可布置成花境。

3. 花卉

广义上的花卉是指具有观赏价值的植物的总称。露天花卉可布置为：

①花坛：多设于广场、道路、分车带及建筑入口处。一般采取规则式布置，有单棵、带状及成群组合等类型；②花境：用多种花卉组成的带状自然式布置，将自然风景中花卉生长的规律用于造园，具有完整的构图，这是英式园林的主要特征；③花丛和花群：将自然风景中野花散生于草坡的景观应用于园林中，增加环境的趣味性与观赏性；④花台：将花卉栽植于台座之上，面积较花坛小，一般栽种 1~2 种花卉；⑤花钵：是与建筑结合的花台，钵用木材、石材、金属做成，本身就是建筑艺术品，风格或古典，或新古典，或现代，钵内可直接植栽，也可按季放入盆花；⑥与地被共栽：高度限制于 200mm 以下。

4. 藤本植物

藤本植物是指本身不能直立，须借助花架匍匐而上的植物，有木本与草本之分。其配置方法有：①棚架式与花架式绿化；②墙面绿化；③藤本植物与老树、古树相结合，营造"枯木逢春"之感；④藤本植物用于山石、陡坡及裸露地面，既可减少水土流失，又可使山石生辉，与建筑的结合则更赋予人工造物自然情趣。常用的藤本植物有爬墙虎、紫藤、凌霄、常春藤等。

5. 水生植物

水生植物可分为挺水、浮叶、沉水、岸边植物等数种。水生植物对水景起着画龙点睛的作用，可增加景观的生态感觉。

①水面植物的配置：使水面色彩、造型丰富，增加情趣和层次感。常用品种有荷花、睡莲、玉莲、香菱等。②水体边缘的植物配置：使水面与堤岸有一个自然过渡，配置时宜与水边的山石配合。常用菖蒲、芦苇、千屈草、风车草、水生鸢尾等。③岸边植物的配置：水体驳岸按材料可分为石岸、混凝土岸和土岸。石岸与混凝土岸生硬而枯燥，岸边植物的配置可以使其变得柔和。

（二）园林景观中植物的极简主义设计

极简主义园林中植物形式简洁，种类较少，色彩比较单一。主要手法如下：

1. 孤赏树

孤赏树即孤植树，是在植物选材的数量上简化到了极致，只用一棵乔木构成整个景区的植物景观。设计师往往会对树木有较高的要求，优美的形态、引人注目的色彩或质感是这些树木具备的特点。要求设计运用最简约化的元素深刻阐释空间意义，将极简主义"以少胜多"的思想精髓充分展现出来。

2. 草坪、修剪整形的绿篱

修剪整齐的草坪也是极简主义中常见的植物种植形式。草坪本身有将园林不同的空间联系成一体的功能，同时也具备单纯均匀的色彩和质地，修剪整齐后会形成简洁的色块，利于游人集散，从而创造出绿意、典雅、令人愉悦的场地。

3. 苔藓

苔藓是景观大师们从东方古典园林中寻找到的极简主义元素，日本的枯山水意以方寸营造万里的手法值得借鉴。而代表"山之毛发"的树木在极简主义手法中演化为石上的苔藓，但较之草坪，苔藓在意境营造上却更胜一筹。因为它"以小见大"，给人以置身于葱茏山林的感受，从而具备了东方园林的神秘感。

4. 片植的纯林

如果说孤赏树是在植物个体数量上的"极简"，那么纯林则是在种类数量上的"极简"。极具雕塑形状的仙人掌和欧洲刺柏、修长挺拔疏落有致的竹子都是极简主义园林中常用的元素，再以大块熔岩做陪衬，则更似一座座自然的雕塑。其刚柔相济，极具现代艺术的特点。

5. 模纹花坛

模纹花坛是西方古典园林常用的种植形式，也是现代设计师从古典园林中吸纳的极简主义元素之一。古典的模纹手法以极简的现代构图重新组合，实现了现代美与古典美的结合。

6. 整齐的树阵

按网格种植的树阵也是极简主义园林中常用的手法。其整齐的方队式排列，体现出同一元素有序重复的壮观。

三、水体要素设计

中国园林景观的水文化源远流长。"曲水流觞"是文人士大夫饮酒作诗、游娱山水的一种方式，通常是在自然山水间选一条蜿蜒的小溪，置酒杯于溪中顺流而下，然后散坐于溪边，待酒杯于转弯处停滞之时，溪边之人须吟诗一首并饮尽杯中之酒，然后斟满酒杯，继续漂流。

（一）水的基本表现形式

水景是园林景观中最活跃的因素，环境因水的存在而灵动。其基本表现形式有四种：

流水：有急缓、深浅之分，也有流量、流速、幅度大小之分。

落水：水源因蓄水和地形条件之影响而有落差溅潭。水由高处下落则有线落、布落、挂落、条落、多级跌落、层落、片落、云雨雾落等形式。

静水：平和宁静，清澈见底。

压力水：有喷泉、溢泉、间歇水等。

（二）水与人的距离

根据水与人的亲疏关系，园林景观中的水景观通常分为观水设计和亲水设计两种：

观水设计一般指观赏性水景，只可观赏不具备游嬉性，既可以作为单纯的水景，也可以在水体中种植植物或养殖水生动物，以增加其综合观赏价值。这类水景大多依托于一定的载体，例如，借助雕塑语言，以具象或抽象的、夸张或怪诞的形态强化视觉感，并尽可能地与周边环境的整体风格相适应。

亲水设计一般指嬉水类水景，能提供承载游戏的功能，人与水的嬉戏也是水景构成的一部分。这种水体本身不宜太深，否则要设置相应的防护措施，以适合儿童安全活动为最低标准。

人们在水空间中非常渴望获得诸多要素的完整体验，需要观水、临水、亲水、戏水并重。

四、观景设计

（一）景门

景门除了发挥静态的组景作用和动态的景致转换作用以外，还能有效地组织游览路线，使人在游览过程中不断获得生动的画面，园内有园，景外有景。其形式与材料不拘一格，空间限定手法可与墙体结合，也可具备独立的形态，或者由藤生植物等搭建而成，常见的有开启的门式和直接通行的坊式。

（二）景窗

传统的园窗造景可分为什锦窗和漏花窗两种。什锦窗是在景墙和廊壁上连续设置各种相同或不同的图形做简单、交替和拟态反复的布置，用以构成"窗景"和用作"框景"。漏花窗可以分为砖花格、瓦花格、博古格、有色玻璃和钢筋混凝土漏窗等。在现代园林景观中，景窗的形式与材料则更为丰富，不拘一格。

（三）观景亭

亭子除了满足人们休息、避风雨之外，还能起到观景和点景的作用，是整个环境的点缀品。在现代都市中，亭子又派生出其他特型功能，例如吸烟亭，空间限定也由常规的覆盖手法扩展到围合等综合手法。亭子占地不大、结构简单、造型灵活，材料也较以前有所突破，有钢筋混凝土结构、预制构件及棕、竹和石等自然材质。

（四）景桥

景桥是路径在水面上的延伸，有"跨水之路"之称，因此也具有构景和交通的双重功能。中国传统园林以水面处理见长，游人游于其上有步移景异的独特感受。现代园林的景桥传承了这一特质并在形式语言上进行了大胆创新。

（五）造石

传统园林的筑石艺术以"师法自然，再现自然"为法则，讲究虚实相生，多与水结合取得"水随山转，山因水活"的效果。其平面布局上主张"出之理，发之意，达至气"，即指布局合理，意境传神，具有一定的韵味和情趣。立面构图则注意体、面、线、纹、影、色的处理关系，有中央置景、旁侧置景、周边置景等多种构图方式。一般可做石组，也可特置。步石，主要用作路径的铺装和趣味布置，石灯笼、经幢做点景在日本庭院内多见。现代园林的造石艺术多倾向于抽象的装置和雕塑意味，甚或兼具观赏与休憩、导引等多种功能。

（六）景墙

景墙分为独立式和连续式两种类型，功能上兼有安全防护、造景装饰和导引的作用，可以创造空间的虚实对比和层次感，使园景清新活泼。现代景观环境中，受艺术思潮的影响，有绘画、浮雕、镶嵌、漏窗等手法，常与植物、光线、水体等结合，营造独特的氛围，甚至追求夸张、荒诞、迷幻的效果。

（七）景观雕塑

雕塑作为重要的造景要素，分为广场雕塑、园林雕塑、建筑雕塑、水上雕塑等。它具有强烈的感染力，被比作园林景观大乐章里的重音符，在丰富和美化空间的同时，更展示着地域文化和时代特征，已成为其标志和象征的载体。

五、辅助设施

（一）园灯

园灯一般集中设置在园林绿地的出入广场、交通要道、园路两侧、交叉路口、台阶、桥梁、建筑物周围、水景喷泉、雕塑、花坛、草坪边缘等，发挥着多样的功能。大致可分为引导性的照明用灯、组景用灯、特色园灯等，照明方式有直接照明、间接照明等类型，实用且具有观赏价值。

（二）标志牌

一般标志小品都以提供简明的信息为目的，如线路介绍、景点分布及方位等，常设置在广场入口、景区交界、道路交叉口等处，其制作形式多样、特色鲜明。

（三）其他：邮筒、时钟、电话亭

这类设施具有体积小、占地少、易识别等特点，能为人们提供多种便利，能满足人们的多种需要。

六、其他细部要素设计

（一）声景观设计

在园林景观空间中，对声音的规划应考虑：自然声的保护和发展利用，噪声的预防和控制，以及提高声景观的质量。依照空间规模的大小，声景观的设计也要遵循一定的原则：空间规模越小，则声景观的个别性和多样性的要素就越强；而空间规模越大，声景观的公共性和统一性的要素就越强。因此，声景观设计应充分考虑以下设计内容：

第一，为了增加游客和自然亲密接触的机会，必须尽可能地保全和发展自然声，最初规划时应充分考虑用地的自然保护和可持续性，例如，保护水体、形成丰富的植被群落和具有自我调节功能的生态体系，以便诱导各种鸟类和昆虫。

第二，对于不同使用目的空间进行声景观的功能分区。通过种植设计予以分隔形成"缓冲地带"，使空间有过渡、游人有选择，人们能够通过远离喧嚣获得心境的平和。

第三，充分考虑声景观与其他环境要素的协调，以及园林内外空间的关系。处理好对外部噪声的有效阻隔，防止园林内部声音对外部社会声环境的波及。因此，分散的声处理模式是良好的解决之道。

第四，电子技术的介入对自然声的仿效。如电子技术模拟的鸟鸣、虫鸣、水声、风声，结合绿色景观，艺术地再现大自然的魅力，引人联想与想象。

实际上，声景观的设计不是物的设计，而是理念的设计，是全面综合、积极的设计。声景观的研究以声音为媒体，充实了历来以视觉为主体的景观设计思路，对引导人们更加客观全面地关注自然、提高环保意识具有更深层的意义。

（二）景观空间的嗅觉设计

人的感官是敏感而复杂的，如同声景观一样，嗅觉因素的开发也是景观的重要课题。植物所具有的芳香气息是令人心旷神怡的大自然的赠品。在中国古典园林中，"暗香浮动月黄昏"的诗句所描绘的若有若无的蜡梅的芳香让人回味无穷。适当的芳香不但令人愉悦，而且很多芳香因子对人体还有保健作用，如春季的丁香、夏季的栀子花、秋季的桂花、冬季的蜡梅等。

在景观空间中，各种感官的增强设计，可以更好地体现环境对人性的细腻关怀，能够全面调动人们的知觉体验，让人们体悟到自然环境与人工自然的无限魅力。

第五章
现代园林植物景观设计

第一节 园林植物造景的理论基础

一、生态学原理

（一）园林植物与环境

环境一般是指有机体周围的生存空间。就园林植物而言，其环境就是植物体周围的园林空间，在这个空间中存在着阳光、温度、水分、土壤及空气等非生物因子和植物、动物、微生物，以及人类等生物因素。这些非生物因素和生物因素错综复杂地交织在一起，构成了园林植物生存的环境条件，并直接或者间接地影响着园林植物的生存与生长。园林植物在生活过程中始终和周围环境进行着物质和能量交换，既受环境条件制约，又影响周围的环境。一方面，园林植物以自身的变异适应不断变化的环境，即环境对植物的塑造或改造作用；另一方面，园林植物通过自身的某些特性和功能具有一定程度和一定范围的环境改造作用。

组成环境的各种因素，即环境因子，如气候因子、土壤因子、地形因子等，在环境因子中对某植物有直接作用的因子称为生态因子。特定园林植物长期生长在某种环境里，受到该环境条件的特定影响，通过新陈代谢，在植物的生活过程中就形成了对某些生态因子的特定需要，这就是其生态习性，如仙人掌耐旱不耐寒。有相似生态习性和生态适应性的植物则属于同一个植物生态类型。如水中生长的植物叫水生植物，耐干旱的植物称为旱生植物，须在强阳光下生长的称为阳性植物，在盐碱土上生长的称为盐生植物等。植物造景要遵循植物生态学原理，尊重植物的生态习性，对各种环境因子进行综合研究分析，然后选择合适的园林植物种类，使得园林中每一种园林植物都有各自理想的生存环境，或者将环境对园林植物的不利影响降到最小，使植物能够正常地生长和发育。

环境中各生态因子对植物的影响是综合的，也就是说园林植物是生活在综合的环境因子中。缺乏某一因子，例如，缺少光、水、温度、土壤等生态因子中的任何一种，园林植物均不可能正常生长。而环境中各生态因子又是相互联系及制约的，并非孤立的。例如，温度的高低和地面相对湿度的高低受光照强度的影响，而光照强度又受地形地貌所左右。

常见的主导生态因子包括温度、水分、光照、空气、土壤等几项。

1. 温度

任何植物都是生活在具有一定温度的外界环境中并受温度变化的影响。植物的生理活动（如光合作用、呼吸作用、蒸腾作用等）、生化反应，都必须在一定的温度条件下才能进行。每种植物的生长都有其特定的最低温度、最适温度和最高温度，即温度三基点。在最适温度范围内，植物各种生理活动进行旺盛，植物生长发育最好。通常情况，温度升高，生理生化反应加快，生长发育加速；温度下降，生理生化反应变慢，生长发育迟缓。但当温度低于或高于植物所能忍受的温度范围时，生长逐渐缓慢、停止，发育受阻，植物开始受害甚至死亡。

温度的变化还能引起环境中其他因子，如湿度、降水、风、水中氧的溶解度等的变化，而环境诸因子的综合作用，又能影响植物的生长发育、作物的产量和质量。

2. 水分

水是植物生存的物质条件，也是影响植物形态结构、生长发育、繁殖及种子传播等的重要生态因子。但水分过多也不利于植物生长。水分对植物的不利影响可分为旱害和涝害两种。旱害主要是由大气干旱和土壤干旱引起的，它使植物体内的生理活动受到破坏，并使水分平衡失衡。轻则会使植物生殖生长受阻，产品品质下降，抗病虫害能力减弱；重则会导致植物长期处于萎蔫状态而死亡。涝害则是因土壤水分过多和大气湿度过高引起的，淹水条件下土壤严重缺氧、二氧化碳积累，会使植物生理活动和土壤中微生物活动不正常、土壤板结、养分流失或失效等。

3. 光照

植物依靠叶绿素吸收太阳光能，将二氧化碳和水转化为有机物（主要是淀粉），并释放出氧气，即光合作用。植物通过光合作用利用无机物生产有机物并且贮存能量，是绿色植物赖以生存的关键。因此，光照对植物的生长发育至关重要。

4. 空气

空气中的氧气对园林植物作用甚大，植物生长发育的各个时期都需要氧气进行呼吸作用，为植物生命活动提供能量。氮气是大气成分中含量最多的气体，也是植物体内不可缺少的成分，但是高等植物却不能直接利用它，仅有少数根瘤菌的植物可以用根瘤菌来固定大气中的游离氮。二氧化碳在空气中虽然含量不多，但作用极大，它是光合作用的原料，同时还具有吸收和释放辐射能的作用，会影响地面和空气的温度。

5. 土壤

土壤是岩石圈表面的疏松表层，是陆生植物生活的基质，是由固、液、气三相物质组成的多相分散的复杂体系。它提供了植物生活必需的营养和水分，肥沃的土壤同时能满足植物对水、肥、气及热的要求，是植物正常生长发育的基础。

（二）植物群落的生态学原理

1. 植物群落的内涵

植物群落（plant community）是指在一定的生境条件下，不同种类的植物群居在一起，占据一定的空间和面积，按照自己的规律生长发育、演替更新，并同环境发生相互作用而形成的一个整体，在环境相似的不同地段有规律地重复出现。植被是一个地区所有植物群落的总和。植物群落包括自然群落和人工群落两类。

自然群落是指在不同的气候条件及生境条件下自然形成的群落，自然群落都有自己独特的种类、外貌、层次、大小、边界及结构等。如西双版纳热带雨林群落，在很小的面积中往往就有数百种植物，群落结构复杂，常分为6~7个层次，林内大小藤本植物、附生植物丰富；而东北红松林群落中最小的群落仅有40多种植物，群落结构简单，常分为2~3个层次。自然群落的环境越优越，群落中的植物种类就越多，群落结构也就越复杂。

人工群落是指按人类需要把同种或不同种的植物配置在一起，模仿自然植物群落栽植的、具有合理空间结构的植物群体。其目的是满足生产、观赏、改善环境等的需要，常见的类型有观赏型人工植物群落，主要表现植物景观之美及四季景观变化；抗污染型人工植物群落，以抗污染树种为主，能改善污染环境，提高生态效益，有利于人的健康；保健型人工植物群落，以分泌或挥发有益物质的植物为主，以增强人的健康、防病、治病的目的；知识型人工植物群落，在植物园、动物园或公园等建立科普性人工群落，既可形成植物景观，又能使游人认识、了解植物，激发他们热爱自然、保护自然的热情。

2. 群落原理在植物造景中的应用

植物造景设计之初不仅考虑乔木、灌木、草本和藤本植物等形态特征，更要考虑植物的常绿落叶、喜阴；喜阳、喜酸喜碱、耐水湿耐干旱等生理生态特征的差异。

模拟地带性植物群落种类组成、结构特点，应用植物生态位互补、互惠共生的生态学原理，形成乔、灌、草及藤本、地被、水生植物的立体复层空间结构，以及四季不同的季相特色，再现或还原疏密有致、高低错落的原生园林景观、近自然园林景观。

在植物造景构建过程中，应根据植物群落演替的规律，充分考虑群落的物种组成、结构，选配生态位重叠较少的物种，增强群落自我调节能力，减少病虫害的发生，维持植物群落的平衡与稳定。

二、植物造景的美学原理

植物造景融合科学、美学、艺术与技术于一体，植物造景的一个重要目的是满足人们的审美要求。尽管不同时代及不同的民族传统、经历、社会地位，以及教育文化水平的游人的审美意识或审美观都会有所不同，但美具有一定的共性，人们对美的植物景观总是会认同的。美是植物造景追求的目的之一，完美的植物景观设计，既要满足植物与环境在生态适应性上的统一，又要通过艺术构图原理、色彩美学、质感构成等体现出植物个体及群体的形式美及人们在欣赏时所产生的意境美。因此，植物造景的实质是园林植物或由其组成的"景"的刺激，从而引起人们主体舒适快乐、愉悦、敬佩、爱慕等情感反应。植物造景是运用艺术的手段而产生的美的组合，它如诗似画，是艺术美的体现。

设计者利用植物造景，可以从视觉角度出发，根据植物特有的观赏性色彩和形状，从色彩美及形式美两方面，运用艺术手法来进行景观创造，注重景观细部的色彩与形状的搭配。

（一）形式美的原理

1. 变化和统一法则

变化与统一是形式美诸多法则中最基本，也是最重要的一条法则。变化，是指相异的各种要素组合在一起时形成了一种明显的对比和差异的感觉；统一，是指诸元素之间在内部联系上的一致性变化具有多样性和运动感的特征，而差异和变化通过相互关联、呼应、衬托达到整体关系的协调，使相互间的对立从属于有秩序的关系之中，从而形成了统一，并具有同一性和秩序感。变化与统一的关系是相互对立又相互依存的统一体，缺一不可。变化和统一是一种普遍使用的基本法则，与整个宇宙对立统一的规律是一样的。事物本来就是丰富多彩而富于变化的统一整体。在园林环境中，由于多种元素存在，使其形象富有变化，但是这种变化必须达到高度统一，统一于一个中心或主体部分，这样才能构成一种有机整体的形式，变化中带有对比，统一中含有调和。因此，在统一中求变化，在变化中求统一，并保持变化与统一的适度，才能使植物造景日臻完美。例如，配置园林植物时，如三树平列，则只统一而少变化，就会显得呆板；三树乱置，则杂乱无章，无统一可言；只有将二树统一，一树变化，二树聚而一树散，整体上才能取得既变化又统一的艺术效果。园林景观是多要素组成的空间艺术，植物造景可以通过以下方式处理好变化与统一的问题：局部与整体的统一、形式与内容的统一、风格的多样统一、形体的多样统一、材料与质地的多样统一和线型纹理的多样统一等。

2. 对比与调和法则

对比是植物造景最常用的手法之一，对比意味着元素的差别，差别越大，对比越强，相反就越弱。对比是应用变化原理，使一些可比成分的对立特征更加明显、更加强烈。植物造景中的对比因素很多，如大小、曲直、方向、黑白、明暗、色调、疏密、虚实及开合等，都可以形成对比。对比可以突出主题，强化立意，也可使相互对比的两个事物相得益彰，相互衬托，创造出感人至深的景观效果。

（1）形象对比

园林中构成园林景物的线、面、体和空间常具有各种不同的形状，在布局中只采用一种或类似的形状时易取得协调和统一的效果，即调和；相反则取得对比的效果，如方形与圆形的对比。植物造景中，形象的对比是多方面的，以短衬长，长者更长，以低衬高，高者更高，都是形象对比的效果。

（2）体量对比

园林中常采用若干小的物体来衬托一个大的物体，以突出主体，强调重点。体量相同的物体，放在不同的环境中，给人的感觉也不同，放在空旷的广场中会觉其小，放在小室内会觉其大。这就是小中见大、大中见小的对比效应。

（3）方向对比

在园林的形体、空间和立面的处理中，常运用垂直和水平方向的对比，以丰富园景。如山水的对比、乔木和绿篱及地被植物的对比等都是运用水平与垂直线条方向上的对比。

（4）色彩对比

色彩对比即利用具有对比色的园林植物要素形成的对比，如黑与白、红与绿、黄与紫、橙与蓝等。

（5）疏与密对比

中国画在树的画法布局中强调"疏可走马，密不透风"，这一布局原则就很好地反映了疏与密的对比所产生效果。园林植物造景要素在布局上要求疏密得当，尤其在自然式园林中，疏与密之间的恰如其分的对比关系是设计成功的关键之一。

（6）明与暗对比

光线的强弱，会造成景物、环境的明暗，进而引发游人不同的感受。明，给人开朗活泼的感觉；暗，给人幽静柔和的感觉。在园林中，明暗对比强的景物令人有轻快、振奋的感受，明暗对比弱的景物则令人有柔和、沉郁的感受。由暗入明，感觉放松；由明入暗，感觉压抑。

（7）藏与露对比

中国古典园林绝大部分四周皆有墙垣，景物藏之于内，可是园外有些景物还要组合到园内来，使空间推展极远，予人以不尽之意。中国园林向来以含蓄为美，利用障景、框景、漏景及各种划分园林空间的手法，达到园虽小、景愈深的艺术效果，其实质就是藏与露的问题。藏与露的强烈对比是为了加强表现的效果，障景并非把景物障去，而是创造景观，慢慢地把景观向游人展现。

（8）动与静对比

园林中线条的平直与弯曲，会使人产生动或静的感觉。平行的线条，会使人联想到平直的地平线，有静止的感觉；而弯曲的线条，会使人联想到蜿蜒的河流，有流动的感觉。充分运用线条的各种造型，已经成为重要的表现手段，也是植物造景重要的空间构成骨骼。园林绿地多以给人们创造宁静、安然的环境为目的，但这宁静必须加以动的衬托，即所谓"鸟鸣山更幽"也是动与静的对比。

（9）开敞与闭锁对比

园林中开敞空间与闭锁空间的强烈对比，能给游人以强烈的心灵震撼，产生"山重水复疑无路，柳暗花明又一村"的景观效果。在许多江南私家园林中，为了突现小中见大的效果，通常是让人经过一个狭长闭锁的巷道，然后再穿门一步跨入一个相对宽敞的院落，造成开敞空间与闭锁空间的强烈对比，如苏州留园的入口设计。

（10）质感对比

质感对比即利用不同造景材料的质感关系而形成的对比，如光滑与粗糙的对比、蜡质叶面和绒毛叶面的对比等。

调和就是各元素性质之间的近似，是指把有差别的、对比的甚至不谐调的元素，经过调配整理、组合、安排，使其产生整体的和谐、稳定和统一。获得调和的基本方法主要是减弱诸要素的对比强度，使各元素之间关系趋向近似而产生调和效果。调和是各个部分或因素之间相互协调，是指可比因素存在某种共性，也就是同一性、近似性或调和的配比关系。和对比一样，调和的因素也是多方面的。例如，公园的铺装，有混凝土铺装、石材铺装、粉末铺装、卵石铺装等，往往是多样的材料同时存在。若忽视了配色之间的调和，将大范围地破坏园林的统一感。

3. 比例与尺度法则

艺术作品的形式结构和艺术形象中都包含着一种内在的抽象关系，就是比例和尺度。比例是各要素部分之间、整体与局部之间及整体和周围环境之间的对比关系。在美学中，最经典的比例分配莫过于"黄金分割"，几何学中的黄金分割被认为是最美的比例，被广泛运用到艺术创作中。

尺度是景物与人的身高、使用活动空间的度量关系，这是因为人们习惯用人的身高和使用活动所需要的空间作为视觉感知和规划设计的度量标准，如台阶的宽度通常不小于30cm、高度为15cm左右，栏杆和窗台的高度约为90cm。不同的空间尺度给人的心理感受不同，如宫殿建筑等往往采用超人的尺度使人感到自己的渺小及皇权和神的伟大。

4. 对称与均衡法则

中心线、对称面，在形状、大小或排列上具有一一对应的关系，具有稳定与统一的美感，如人体、船、飞机的左右两边，在外观或视觉上都是对称的。对称与均衡是取得良好的视觉平衡的两种形式。自然界中的许多植物、动物都具有对称的外形，如螃蟹、蝴蝶、人体等，其中有完全对称，具有很强的整齐感与秩序感；也有并不完全等量、等形的对称，它是一种带有变化成分的对称，能使人感到景物形象既稳重端庄又自然生动。均衡是形态的一种平衡，是指在一个交点上，双方不同量、不同形，但相互保持平衡的状态。其表现为对称式的均衡和非对称性的均衡两种形式。对称的均衡为相反的双方的面积、大小及材质在保持相等状态下的平衡，这种平衡关系应用于园林中可表现出一种严谨、端庄、安定的风格，在一些规则式园林设计中常常被使用。为了打破对称式均衡的呆板与严肃，追求活泼、自然的情趣，不对称均衡则更多地应用于自然式园林设计中。这种平衡关系是以不失重心为原则的，追求静中有动，以获得不同凡响的艺术效果。均衡是从运动规律中升华出来的美的形式法则。轴线或支点两侧形成不等形而等量的重力上的稳定、平衡就是均衡，其实就是不平衡对称。均衡的法则可使园林构图形式于稳定中更富于变化，因而显得活泼生动。

对称能给人以庄重、严肃、规整、有条理、大方及稳定等美感，富有静态的美、有条理的美；但只有对称，在人的心理上会产生单调、呆板的感受。均衡来源于力的平衡原理，它具有"动中有静，静中有动"的秩序，能体现出活泼生动的条理美，轻巧、生动、富有变化、富有情趣，可以克服对称的单调、呆板等缺陷。在植物造景中应灵活运用对称与均衡的形式美法则。

5. 节奏与韵律法则

诗词中要有韵律，音乐中要求节奏，在希腊文中，韵律和节奏都是同一个概念，其原意是指艺术作品中的可比成分连续不断交替出现而产生的美感，是多样统一原则的引申。除诗和音乐之外，节奏与韵律已广泛应用在建筑、雕塑、园林等造型艺术方面。节奏是指元素按照一定的条理、秩序、重复连续地排列，形成一种律动形式。它有等距离的连续，也有渐变、大小、长短、明暗、形状、高低等的排列构成。在节奏中注入美的因素和情感，就有了韵律。韵律就好比是音乐中的旋律，不但有节奏，更有情调，能增强艺术构图的感染力，开阔艺术的表现力。韵律是一种和谐美的格律，"韵"是一种美的音色，"律"是规律，它要求这种美的音韵在严格的旋律中进行。在园林设计中，韵律是指动势或气韵的有秩序的反复，其中包含近似因素或对比因素的交替、重复，在和谐、统一中包含着更富变化的反复。在园林布局中，常使同样的景物重复出现。这种同样的景物重复出现和布局，就是节奏与韵律在园林中的应用。道路两旁和狭长形地带的植物配置最容易体现出韵律感。因此，植物造景要注意纵向的立体轮廓线和空间变换，做到高低搭配，有起有伏，产生节奏和韵律，避免布局呆板。韵律可分为连续韵律、渐变韵律、交错韵律和起伏韵律等。

在植物造景中利用植物单体有规律的重复和有间隙的变化，会在序列重复中产生节奏，在节奏变化中产生韵律。如路旁的行道树用一种或两种以上植物的重复出现形成韵律。一种树等距离排列称为"简单韵律"，比较单调而装饰效果不大。两种树木，尤其是一种乔木与一种花灌木相间排列或带状花坛中不同花色分段交替重复等，产生活泼的"交替韵律"。人工修剪的绿篱可以剪出各种形式的变化。如方形起伏的城垛状、弧形起伏的波浪状、平直加上尖塔形、半圆或球形等形式，如同绿色的墙壁，形成"形状韵律"。园林景物中连续重复的部分，做规则性的逐级增减变化还会形成"渐变韵律"。这种变化是逐渐而不是急剧的，如植物群落由密变疏、由高变低和色彩由浓变淡都是取渐变形式，由此获得调和的整体效果。此外，还有拟态韵律等。

（二）色彩美学原理

缤纷多彩的景物景观，往往首先是色彩美引人注目，其次是形体美、香味美和听觉美引人入胜。园林中的色彩以绿色为基调，配以其他色彩，如美丽的花、果及变色叶而构成了缤纷的色彩景观。

色彩有色相、明度和饱和度三重属性。色相是区分色彩的名称，即物体反射阳光所呈现的各种颜色。其中红、黄、蓝为三原色，三原色两两等量混合即为橙、绿、紫，称为二次色。二次色再相互混合则成为三次色，即橙红、橙黄、黄绿、蓝绿、蓝紫及紫红等。明度是色彩明暗的特质，光照射到物体时会形成阴影，由于光的明暗程度会引起颜色的变化，而明暗的程度即"明度"。白色在所有色彩中明度最高，黑色明度最低，由白到黑明度由高到低顺序排列，构成明暗色阶。饱和度为某种色彩本身的浓淡或深浅程度。

1. 色彩心理及色彩情绪效应

颜色之所以能影响人的精神状态和心绪，在于颜色源于大自然的先天的色彩，如蓝色的天空、鲜红的血液、金色的太阳等，人们看到这些与大自然先天的色彩一样的颜色，自然就会联想到与这些自然物相关的感觉体验，这是最原始的影响。按人们的主观感觉，彩色可分为：暖色，指刺激性强、能引起大脑皮层兴奋的红、橙、黄色；冷色，指刺激性弱、能引起大脑皮层抑制的绿、蓝、紫色。蓝色和绿色是大自然中最常见的颜色，也是自然赋予人类的最佳心理镇静剂。

色彩对人除了有一定的生理、心理作用，还有一定的保健、康复作用。如红色能刺激和兴奋神经系统，可增加肾上腺素分泌、增强血液循环；橙色能使人产生活力，能诱发食欲，有利于钙的吸收，有助于恢复和保持健康；金黄色可刺激神经和消化系统，加强逻辑思维；绿色有助于消化，能促进身体平衡，能起到镇静作用，对儿童好动、多动及身心压抑者有益；自然的绿色对昏厥、疲劳和消极情绪均有一定的克服作用；蓝色能降低脉搏，调节体内平衡，蓝色的环境还使人感到优雅宁静。

2. 不同色彩的"情感"效应及植物景观表现

红色与火同色，充满刺激，意味着热情、奔放、喜悦和活力，有时也象征恐怖和动乱。红色给人以艳丽、芬芳和成熟青春的感觉，因此，极具注目性、透视性和美感。但过多的红色，刺激性过强，会令人倦怠，使人心理烦躁，故应用时要慎重。红色性观花植物有海棠花、蔷薇、石榴等。红色果实植物有小檗类、枸杞子和山楂等。红色干皮植物有红瑞木等。秋叶呈红色的植物有鸡爪槭、元宝枫、五角枫等。春叶呈红色的植物有石楠、桂花等。正常叶色呈红色植物的如三色苋、红枫等。

橙色为红和黄的合成色，兼有火热、光明之特性，象征古老、温暖和欢欣，给人明亮、华丽、健康、温暖及芳香的感觉。橙色系观花植物有美人蕉、萱草、金盏菊等，橙色果实植物有柚、柿等。

黄色明度高，给人以光明、辉煌、灿烂、柔和、纯净之感，象征着希望、快乐和智慧。同时也具有崇高、神秘、华贵、威严、高雅等感觉。黄色系观花植物有连翘、迎春、棣棠等。黄色果实有银杏、梅、杏等。秋色叶呈黄色的植物有银杏、加杨、无患子等。正常叶色显黄色的植物有金叶女贞、金叶榕等。黄色干皮的植物有金竹、黄皮刚竹、金镶玉竹等。

绿色是植物及自然界中最普遍的色彩，是生命之色，象征着青春、希望、和平，给人以宁静、休息和安慰的感觉。

蓝色为典型的冷色和沉静色，给人有寂寞、空旷的感觉。在园林造景中，蓝色系植物常用于安静处或老年人活动区。海州常山、十大功劳的果实为蓝色，瓜叶菊、翠雀、乌头等的花朵为蓝色。

紫色乃高贵、庄重、优雅之色，明亮的紫色能令人感到美好和兴奋，高明度的紫色象征光明与理解，其优雅之美宜造成舒适的空间环境。低明度的紫色与阴影和夜空相联系，富有神秘感。紫色系花植物有紫藤、三色堇、鸢尾等。紫色果实植物有紫珠、葡萄等。紫色叶植物有紫叶小檗、紫叶李、紫叶桃等。

白色象征着纯洁和纯粹，感应于神圣与和平。白色明度最高，给人以明亮干净、清澈、坦率、纯洁、爽朗的感觉，也易给人单调、凄凉和虚无之感。白色花植物有白玉兰、白丁香、白牡丹等。白色干皮植物有白桦、白皮松、银白杨等。

（三）植物造景的配色原则

1. 色相调和

（1）单一色相调和

即在同一种颜色之中，浓淡、明暗相互配合。同一色相的色彩容易取得协调与统一，且意象缓和、平缓。单一色相调和应结合明度和色度的调和，并辅以植物的形状、质感等变化，创造调和而不乏味的景观。例如，在花坛植物造景时，以深红、明红、浅红、淡红顺序排列，产生色彩渐变，创造美观宜人的植物景观。绿色是园林景观的基调色，以绿色的明暗和深浅的单色调，加上蓝天、白云等，同样会显得空旷优美。如草坪、灌木、针叶林及阔叶林、地被植物深深浅浅的绿色，辅以蓝天、白云、山石、水体等，给游人富有变化的色彩感受。

（2）近色相调和

近色相的配色，仍然具有相当强的调和关系，然而它们又有比较大的差异，即使在同一色调上，也能够分辨其差别，易于取得调和色。相邻色相，统一中有变化，过渡不会显得生硬，易取得和谐、温和的气势，并加强变化的趣味性，加之以明度、色度的差别运用，更可营造出各种各样的调和状态，配成既有统一又有变化的优美景观。

（3）中差色相调和

红与黄、绿和蓝之间的关系为中差色相，一般认为其间具有不调和性，植物景观设计时，最好改变色相或调节明度，因为明度对比关系，可以掩盖色相的不可调和性。中差色相接近于对比色，两者均鲜明而诱人，故必须至少要降低一方的色度，方能取得较好的效果；而如果恰好是相对的补色，则效果会太强烈，难以调和。如蓝天、绿地、喷泉即是绿与蓝两种中差色相的配合，但其间的明度差较大，故而色块配置自然变化，给人以清爽、融合之美感；绿色背景中的建筑物及小品等设施，以绿色植物为背景，避免使用中差色相蓝色。

（4）对比色相调和

对比色因其配色给人以活泼、洒脱、明视性高的效果。在植物造景中运用对比色相的植物搭配，能产生对比的艺术效果。在进行对比配色时，要注意明度差与面积大小的比例关系。例如，红绿、红蓝是最常用的对比配色，但因其明度都较低，而色度都较高，所以色彩相互影响。对比色相会因为其二者的鲜明印象，而互相提高色度，所以，至少要降低一方的色度方能达到良好的效果。如花坛及花境的植物造景配色，为引起游客的注意，提高其注目性，可以把同一花期的花卉以对比色安排。对比色可以增加颜色的强度，使整个花群的气氛活泼向上。花卉不仅种类繁多，同一种也会有许多不同色彩和高度的品种和变种，色彩丰富，但如果种在同一花坛内会显得混乱，所以，应按冷暖之别分开，或按高矮分块种植，可以充分发挥品种的特性，避免造成凌乱的感觉。在进行色彩搭配时，要先取某种色彩的主体色，其他色彩则为副色，以对比、衬托主色，切忌喧宾夺主。

2. 色块的应用

园林植物景观中缤纷的色彩，是由各种大的色块有机拼凑在一起而形成的。如广场绿地和道路绿地两侧的景观带，通常用紫叶小集、金叶女贞、大叶黄杨和草坪配成各种大小不等的包块或色块，以增强城市的快节奏感。色块的面积会直接影响园林绿地中色彩的对比与调和，对绿地景观的色彩体系具有决定性作用。通常，色块大，色度低；色块小，色度高；明色、弱色色块大，暗色、强色色块小。如大面积的森林公园中，强调不同树种的群体配置，以及水池、水面的大小，建筑物表面色彩的鲜艳与面积及冷暖色的比例等，都是以包块的大小来体现造景原则的方法。至于包块的浓淡，若配大面积包块宜用淡色，小面积包块宜用深色。但要注意面积的相对大小还与视距有关。对比的色块宜近视，有加重景色之效应，但远眺则效应减弱。暖色系的色彩，因其色度、明度较高，所以明视性强，其周围若配以冷色系彩色植物则须强调大面积，以寻得视觉平衡。例如，植物造景中，经常采用缀花草坪的方式创造宜人的景致，因为草坪属于大面积的淡色色块，而所用缀花多色彩艳丽。

3. 背景搭配

园林景观设计中非常注意背景色的搭配，中国古典园林中即有"藉以粉壁为纸，以石为绘也"的例子。色彩植物的运用必须与其背景取得色彩上的协调，例如，绿色背景下在前景位置点缀红色、橙红色或紫红色花草树木。

明亮鲜艳的花坛搭配白色的建筑或景观小品设施，能给人以清爽之感。园林景观的绿色背景一般采用枝叶繁茂、叶色浓密的绿色植物为背景，如绿色植被茂密的山体、常绿植物修剪而成的绿篱及绿墙、松柏等树形挺拔的常绿针叶林、攀缘植物的立体绿化等。

植物与植物及其周围环境之间在色相、明度以及色度等方面应注意差异、秩序、联系和主从等艺术原则。任何植物景观设计都是围绕一定的设计主题展开的，色彩的应用或突出主题，或衬托主景。不同的色彩具有不同的感情感受，而不同的主题表达亦要求与其相匹配的色彩设计方案。园林植物最有特色的景观因素之一在于色彩的季相变化，因此，熟悉和掌握园林植物的季相特征及变化对植物造景的色彩设计方案至关重要。

4. 色彩植物季相造景

在配置色彩植物时应考虑季相变化，使园林景观随春、夏、秋、冬四季而变换，力争月月有花、季季有景。要根据不同色彩植物的季节物候变化而产生的色、形、姿态等的变化，将不同花期、不同色相及不同形态的植物协调搭配，以延长观赏期，体现植物景观的季相变化。

春季万物复苏，设计时通常以绿色为主调或背景，春色叶树种与早春花木配置春色效果更佳。与春色叶树种展叶时间相近的早春花木主要为落叶花灌木，如黄色系的迎春、棣棠，白色系的白玉兰、二乔玉兰、白碧桃、樱花和绣线菊等，红色系的海棠、红花桎木、红花碧桃，紫色系的紫叶桃、紫玉兰、紫荆等。黄色系的春色叶树种朴树、旱柳，可作为紫荆、红花碧桃、海棠等红花树种的背景或前景，如杭州西湖的苏堤春晓即以垂柳、碧桃成景。而春叶红色的石楠、山麻杆则适合与连翘、迎春、绣线菊、玉兰等花朵黄色或白色的树种配置，也可与灰白色的山石搭配成景。

夏季天气炎热，但造景植物资源异常丰富，植物景观色彩的设计应多用绿色、蓝色、白色等冷色表现清凉、安静的景观视觉效果。因此，植物造景应以绿色植物为背景或基调，点缀包含其他颜色的观花、观叶、观果或者观枝植物，形成色彩的对比，打破绿色的垄断。

秋季是收获的季节，秋色叶树种与秋花、秋果植物配置，不但色彩更加丰富，而且可以进一步表现秋季的绚丽多姿。一般而言，秋色叶树种造景宜表现群体景观，秋色必须有气势，总体颜色设计上以金黄色、橙红色、红色等暖色调颜色为主，如黄栌、红枫、臭椿、元宝枫、栾树、枸杞及银杏等体现出秋季收获与成熟的喜悦和光彩。在城市道路和公园中，可将秋色叶树种配置成带状秋色景观，如银杏、无患子、枫香、元宝枫、鹅掌楸等，也可在游人较多的区域营造疏林秋色。

冬季是一个万木凋敝的季节，北方大部分植物在这个季节都会落叶，因此，冬季的颜色相对就很单调。所以，在冬季增添绿色对人们舒缓心中的沉闷感会起到很好的作用。在北方地区，多选择常绿植物如松、柏、樟树等，这些植物的安详笃定、青翠枝叶中所蕴藏的生命力正是人们在冬季需要的精神慰藉。而一些在寒冬绽放花朵的植物，如四季秋海棠、梅花等，更能够让人体会到生命的顽强与不息。

5. 色彩植物配置的要点

每一个局部空间中的色彩，都要确定一个主题或者一种色彩基调，如以绿色为主题或以暖色为基调。预先设计主题或基调可以帮助设计者有序地进行深入设计和创作。局部空间的色彩不宜过于杂乱。心理学研究表明，人在进行数目判断时，7 是个临界值。利用植物造景时，植物颜色的运用种类也不宜超过这个临界值，通常以 3~4 种为宜。所以，在利用彩色植物进行景观设计时要注意色彩不能过于繁多，以免出现凌乱无序的感觉。

在园林中，植物的色彩要和建筑、园路、广场等周边环境的色彩相互协调统一，与所处功能分区的功能相联系，并符合地域属性。例如，游乐场所、儿童活动区域的植物造景常用对比色或色彩相差较大的颜色，其效果鲜明活泼，具有较强的动感，往往能引起人们的注视。对比色适用于花坛，在出入口用类似的手法也能吸引游人驻足观看。

在寒冷地带宜多用暖色系植物，在炎热地带宜多用冷色或中性色植物，以调剂人们的心理感受，以取得适目适心的场景效果。

第二节　园林植物造景的原则和方法

一、园林植物造景的原则

当代植物造景不仅仅局限于植物的个体美，如形体、姿态、花果及色彩等方面的展示，还强调植物综合功能的发挥和整体景观效果，追求植物形成的空间尺度，展示反映当地自然条件和地域景观特征的地带性植物群落。因此，现代植物景观设计应遵循以下基本原则：

（一）科学性

植物造景的科学性是指植物的选择和配置要遵循自然科学规律。包括以下三方面：

1. 遵循植物的生长发育规律，合理搭配植物

植物是有生命的有机体，有自身的生长发育规律，在一生中要经历种子—幼苗—大树—衰老死亡的全过程。

不同发育阶段，其体量、形态等特征是不一样的。植物在一年中，会随着气候的季节性变化而发生萌芽、抽枝、展叶、开花、结实、落叶及休眠等规律性变化，不同季节的观赏特征是不一样的。设计师只有在很好地了解植物的这种生长发育规律的基础上，方能正确地选择和配置植物。主要应考虑以下三方面的因素：

（1）正确选择慢生树种和速生树种

速生树种短期内就可以成形、见绿，甚至开花结果，对于追求高效的现代园林来说无疑是不错的选择，但是速生树种也存在着一些不足，比如寿命短、衰减快等。而与之相反，慢生树种寿命较长，但生长缓慢，短期内不能形成绿化效果。所以，在不同的园林绿地中，因地制宜地选择不同类型的树种是非常必要的。比如，我们希望行道树能够快速形成遮阴效果，所以行道树应选择速生、易移植、耐修剪的树种；而在游园、公园、庭院的绿地中，可以适当地选择长寿慢生树种。一些新建城区，为了早日发挥绿地的景观效果，或由于珍贵、慢长树种的苗木缺乏，先利用一些速生树种进行普遍绿化是正确的。

（2）落叶树与常绿树合理搭配

落叶树一年之中有明显的季相变化，可丰富绿地四季的景色。此外，落叶乔木还兼有绿量大、寿命长、生态效益高等优点。常绿植物四季常绿，可弥补落叶植物冬季景观的不足。为了创造多彩的园林景观，除了落叶乔木之外，还应适量地选择一定数量的常绿乔木和灌木，尤其对于冬季景观，常绿植物的作用更为重要。

（3）有合理的种植密度

要充分发挥植物群落的景观效果，在平面上应有合理的种植密度，以使植物有足够的营养空间和生长空间，从而形成较为稳定的群体结构，一般应根据成年树木的冠幅来确定种植点的距离。但由于种植施工时的苗木往往是未到成年期的小苗，种植后不会在短期内具有成年树的效果，为了能在短期内达到较好的绿化效果，往往适当加大密度，几年之后再逐渐减去一部分植物。

2. 满足植物生态习性的要求

各种园林植物在生长发育过程中，对光照、温度、水分，以及空气等环境因子都有不

同的要求，在植物造景时，应满足植物的生态要求，使植物正常生长，并保持一定的稳定性。这就是通常所讲的适地适树，即根据立地条件选择合适的植物。或者通过引种驯化或改变立地生长条件，使植物能成活和正常生长。城市的立地条件较差，上有天罗，下有地网，土层瘠薄且有砖瓦、水泥、石灰等杂物，大气污染严重，飘尘大。在这样苛刻的条件下，又要把树种好，适地适树的原则显得更加重要。要做到适地适树，应对当地的立地条件进行深入细致的调查分析，包括当地的温度、湿度、水文、地质、植被和土壤等条件，还应当对植物的生物学、生态学特性进行深入调查研究，以此确定选择何种植物。如天津市地下水位高，盐碱土多，土质不良，故要着重选择抗涝、耐盐的树种，主要有绒毛白蜡、紫穗槐、杜梨、雪柳、西府海棠、枸杞、柳树、沙枣、沙棘及玫瑰等。

一般来讲，乡土植物比较容易适应当地的立地条件，而且最能体现地方风格，为群众喜闻乐见，因此，植物物种的选择应以乡土树种为主。外来引种植物在大面积应用之前一定要做引种试验，确保万无一失之后再加以推广。适当选用经过驯化的外来树种对于丰富本地植物景观的多样性非常重要，不少外来树种已证明基本能适应本地生长。

根据自然界中每种植物在其原生境中的生态状况，可以基本上推测出每种植物的生态习性；再结合园林绿地的实际环境，就可以设计出具有优美外貌和科学内容的植物景观。

3. 遵循群落生态学规律

应在了解植物生物学特性和生态习性的基础上，根据植物群落生态学原理合理配置植物，要特别注意不同植物之间的关系，力求它们和谐共存，形成稳定的植物群落，从而发挥出最大的生态效益。在植物景观中，往往是多种植物生长于同一环境中，种间竞争是普遍存在的，必须处理好种间关系。最好的配置是师法自然，模仿自然界的群落结构，将乔木、灌木和草本植物有机结合起来，形成多层次、复合结构的稳定人工植物群落，从而取得长期的效果。这样配置的群落可以有效地增加城市绿量，发挥更好的生态功能。在种间关系处理上，主要应考虑乔木、灌木和草本地被、深根性与浅根性、速生与慢生、喜光与耐阴等几个方面。

植物是活体生物，必然存在个体和群体如何与环境间相互适配从而良好生存与生长的问题。生物与环境间的相互关系问题即是生态问题，在植物景观配置中，生态设计问题十分重要，有时它甚至比美学设计还重要。因为植物景观配置美观与否首先必须建立在植物个体与群体是否适应环境而良好生存与生长的基础之上。

（二）园林植物造景的艺术性

美的植物景观设计要既能满足植物的生物学特性和生态习性，又应具有艺术感染力。

植物景观不是植物的简单组合，也不是对自然的简单模仿，而是在审美基础上的艺术创作。造景设计时不仅要求植物的选择要美观，而且植物之间的搭配必须符合艺术规律。应因地制宜，合理布局，强调整体的协调一致，考虑平面和立面构图、色彩、季相的变化，以及与水体、建筑、园路等其他园林构成要素的配合，并注意不同配置形式之间的过渡、植物之间的合理密度等。在艺术构图上可借助中国其他艺术形式的精华（如书法、绘画、京剧、武术、烹调、陶艺及舞台布景等），巧妙地利用植物形体、线条、色彩、质地进行构图，符合多样统一原则、对比与调和原则、均衡与动势的原则、节奏和韵律的原则、比例与尺度原则、主体与从属原则。

（三）园林植物造景的功能性

园林植物造景形成的植物群落，要服务于园林设计功能需求。园林植物的功能表现在美化功能、空间构筑功能、生态功能、生产功能和实用功能等几个方面。具体在不同的场地，植物的功能侧重点是不一样的，因此，设计师在进行造景设计时，必须先确定以哪些功能为主，同时兼顾其他功能。如城市外围的防护林带以防护功能为主，在植物选择和配置上应首先考虑如何降低风速、防风固沙；行道树以美化和遮阴为主要目的，配置上则应主要考虑其美观和遮阴效果；烈士陵园要注意纪念性意境的营造；节日花坛则应主要考虑其渲染节日气氛的观赏效果。再如，桃花配置在小型庭院中以观赏为主，可以选择各类碧桃品种；而在大型风景区内结合生产营造大面积桃园，则应选择果桃类品种，并适当配置花桃类品种。随着城市化的发展，植物造景要具有针对不同年龄、职业的人群的保健作用，尤其是药用植物、芳香植物、抗衰老保健植物在园林绿地中的配置，可使植物造景吸引更多的游客。

（四）文化性

灿烂悠久的中国文化为园林植物赋予了人格化特征。作为一件优秀、成熟的景观作品，植物文化性的彰显是不可或缺的。在富有文化意境的植物造景环境中欣赏植物文化性所带来的美，感受其人文气息，对于欣赏者无疑是赏心悦目之事。因此，了解植物文化性的内涵，并把它用于植物景观的营造，对于建造高品位的园林作品无疑具有重要意义。

（五）地域性

植物景观设计应与气候、地形、水系等要素相结合，充分展现当地的地域性的自然景观和人文景观特征。所谓"适地适树"，就是要营造适宜的地域景观类型，并选择与其相适应的植物群落类型。植物配置要体现地方特色，应尽量选用乡土植物。乡土植物的应用不但可以节约资金，而且能形成浓郁的地方特色，防止植物景观千篇一律。乡土植物既包括当地的原生植物，也包括由外地引进时间较久、已经适应当地风土的外来植物。

（六）多样性

植物景观设计应充分体现当地植物物种及品种的丰富性和植物群落的多样性特征。植物景观的多样性包括物种及品种的多样性、造景形式的多样性。营造丰富多样的植物景观，首先依赖于丰富多样的植物物种及品种的多样性，只有达到物种及品种的多样性，才能形成稳定的植物群落，实现真正意义上的可持续发展；只有达到造景形式的多样性，才能形成丰富多彩、引人入胜的园林景观。从物种多样性的角度，既要突出重点，以显示基调的特色，又要注重尽量配置较多的种类和品种，以显示人工创造第二自然中蕴藏的植物多样性。从造景形式多样性的角度，除了一般的园林造景以外，城市森林、垂直绿化、屋顶花园、地被植物等多种造景形式都应当受到重视。

在城市园林绿地中选用多种植物也有利于满足对园林绿地多种功能的要求。各种植物由于生活习性的不同而具有不同功能。在需要遮挡太阳西晒的地段，可配以高大的乔木；在需要围护、分隔和美化的地段，可以使用一些枝叶繁茂的灌木；在需要遮阴乘凉的地方，可以种上枝叶浓密、树形高大的遮阴树；在需要设置花架的地方可以栽上攀缘的藤本植物；在需要开展集体活动的开阔地面上，可以种植耐践踏的草坪；在常年出现大风的地带应选用深根系树种；而在居住区、街道等有地下管道的地方，又必须选用浅根系的树种。只有选用多种类型的植物，才能满足城市绿地的多种功能。

（七）时间性

植物景观设计应充分遵循植物生长发育和植物群落演替的规律，注重植物景观随时间、季节、年龄逐渐变化的效果，强调人工植物群落能够自然生长和自我演替，反对大树移栽等急功近利的做法。在城市景观中，植物是季相变化的主体，季节性的景观体现在植物上，就是植物的季相变化。景观设计者不仅仅要会欣赏植物的季相变化，更为关键的是要能创造丰富的季相景观群落。设计者应按照美学的原理合理配置，充分利用植物的形体、色泽、质地等外部特征，发挥其枝干、叶色、花色等在各生长时期的最佳观赏效果，尽可能做到一年四季有景可赏，而且充分体现季节的特色。

（八）经济性

植物的经济性包括绿化投资成本和后期养护成本的控制。在满足基本功能的前提下，应尽量选择廉价的植物物种及品种，以控制投资成本。同时，更要考虑后期的养护管理成本，物种选择上强调选用抗逆性强、易成活、管理简便的种类，强调植物群落的自然适应性，力求植物景观在养护管理上的经济性和简便性。应尽量避免养护管理费时费工、水分和肥力消耗过高、人工性过强的植物景观设计手法。

（九）安全性

植物的安全性是指植物的选择和配置不能影响交通安全、人身安全和人体健康。如交通干道交叉路口及转弯处不宜种植高大的乔木，要保证驾驶员视线通透；居住区不宜种植有飞毛、有毒、有臭味的植物；儿童活动场地不能种植有刺的植物等。

二、不同植物类群造景的方法

（一）树木造景

园林绿化中乔木、灌木是骨干材料，种类多样，既可单独成景，赏其姿态与色彩，又可通过与其他植物配合组成丰富多样的园林景观。根据乔木、灌木在园林中的应用目的，大体可分为以下六种种植形式：

1. 孤植

在一个较为空旷的空间，远离其他景物种植一株乔木称为孤植树，也称为园景树、独赏树或标本树。

（1）园林功能与布局形式

在设计中多处于绿地平面的构图中心和园林空间的视觉中心而成为主景，也可起引导视线的作用，并可烘托建筑、假山或活泼水景，有强烈的标志性、导向性和装饰作用。

对孤植树的设计要特别注意的是"孤树不孤"。不论在何处，孤植树都不是孤立存在的，它总是和周围的各种景物如建筑、草坪、其他树木等配合，以形成一个统一的整体，因而要求其体量、姿态、色彩及方向等方面与环境其他景物既有对比，又有联系，共同统一于整体构图之中。

（2）孤植树种的选择要点

孤植树在古典庭院和自然式园林中应用很多，如我国苏州古典园林，在草坪上孤植树主要突出表现单株树木的个体美，一般为大中型乔木，寿命较长，既可以是常绿树，也可以是落叶树。要求植株姿态优美，或树形挺拔、端庄、高大雄伟，如雪松、南洋杉、樟树、榕树、木棉、柠檬树；或树冠开展、枝叶优雅、线条宜人，如鸡爪槭、鹅掌楸、洋白蜡；或花果美丽、色彩斑斓，如樱花、玉兰、木瓜。如选择得当，配置得体，孤植树可起到画龙点睛的作用。

在选择孤植树时，应以其作用的不同而选择不同的树种，以树群、建筑或水体为背景配置孤植树时，要注意所选孤植树在色彩上与背景应有反差，在树形上也能协调。从遮阴的角度来选择孤植树时，应选择分枝点高、树冠开展、枝叶茂盛、叶大荫浓、病虫害少、无飞毛飞絮、不污染环境的树种，以圆球形、伞形树冠为好，如银杏、榕树、樟树、核桃。

（3）孤植树的布置场所

孤植常用于庭院、草坪、假山、水面附近、桥头、园路尽头或转弯处等，广场和建筑旁也常配置孤植树。

孤植树是园林局部构图的主景，因而要求栽植地点位置较高，四周空旷，便于树木向四周伸展，并有较适宜的观赏视距，一般在四倍树高的范围里要尽量避免被其他景物遮挡视线，如可以设计在宽阔开朗的草坪上，或水边等开阔地带的自然重心上。

必须考虑孤植树与环境间的对比及烘托关系。如曲廊、幽径、墙垣的转折处，池畔、桥头、大片草坪上，花坛中心、道路交叉点、道路转折点，缓坡、平阔的湖池岸边等处，均适合配置孤植树。孤植树配置于山冈上或山脚下，既有良好的观赏效果，又能起到改造地形、丰富天际线的作用。

2. 对植

对植多用于公园、建筑的出入口两旁或纪念物、蹬道台阶、桥头、园林小品两侧，可以烘托主景，也可以形成配景、夹景。对植往往选择树形美观、体量相近的同一树种，以呼应之势种植在构图中轴线的两侧称为对植，对植强调对应的树木在体量、色彩、姿态等方面的一致性，只有这样，才能体现出庄严、肃穆的整齐美。对植多选用树形整齐优美、生长较慢的树种。以常绿树为主，但很多花色优美的树种也适于对植。例如，公园门口对植两棵体量相当的树木，可以对园门及其周围的景物起到很好的引导作用；桥头两旁的对植则能增强桥梁构图上的稳定感。对植也常用在有纪念意义的建筑物或景点两边，这时选用的对植树种在姿态、体量、色彩上要与景点的思想主题相吻合，既要发挥其衬托作用，又不能喧宾夺主。

两株树的对植一般要用同一树种，姿态可以不同，但动势要向构图的中轴线集中，不能形成背道而驰的局面，影响景观效果。也可以用两个树丛形成对植，这时选择的树种和组成要比较近似，栽植时注意避免呆板的绝对对称，但又必须形成对应，给人以均衡的感觉。

对植可以分为对称对植和拟对称对植。对称对植要求在轴线两侧对应地栽植同种、同规格、同姿态的树木，多用于宫殿、寺庙和纪念性建筑前，体现一种肃穆的气氛。在平面上要求严格对称，立面上高矮、大小、形状一致。

拟对称对植只是要求体量均衡，并不要求树种、树形完全一致，既给人以严整的感觉，又有活泼的效果。

3. 列植

树木呈带状的行列式种植称为列植，有单列、双列、多列等类型。列植主要用于公路、铁路、城市街道、广场、大型建筑周围、防护林带、农田林网及水边种植等。西湖苏堤中央大道两侧以无患子、重阳木和三角枫等分段配置，效果很好。列植应用最多的是道路两旁，道路一般都有中轴线，最适宜采取列植的配置方式，通常为单行或双行，选用一种树木，必要时亦可多行，且用数种树木按一定方式排列。行道树列植宜选用树冠形体比较整齐一致的种类。株距与行距的大小应视树的种类和所需要遮阴的郁闭程度而定。一般大乔木株行距为 5~8m，中小乔木为 3~5m，大灌木为 2~3m，小灌木为 1~2m。完全种植乔木，或将乔木与灌木交替种植皆可。常用树种中，大乔木有油松、圆柏、银杏、国槐、白蜡、元宝枫、毛白杨、柳杉、悬铃木、榕树、臭椿、垂柳、合欢等；小乔木和灌木有丁香、红瑞木、小叶黄杨、西府海棠、玫瑰、木槿等。绿篱可单行种植，也可双行种植，株行距一般为 30~50cm，多选用圆柏、侧柏、大叶黄杨、黄杨、水蜡、木槿、蔷薇、小叶女贞、黄刺玫等分枝性强、耐修剪的树种，以常绿树为主。

列植树木要保持两侧的对称性，平面上要求株行距相等，立面上树木的冠径、胸径、高矮则要大体一致。当然这种对称并不一定是绝对的对称，如株行距不一定绝对相等，可以有规律地变化。列植树木形成片林，可做背景或起到分割空间的作用，通往景点的园路可用列植的方式引导游人的视线。

4. 丛植

由 2~3 株至 10~20 株同种或异种的树木按照一定的构图方式组合在一起，使其林冠线彼此密接而形成一个整体的外轮廓线，这种配置方式就是丛植。

（1）丛植的功能与布置

丛植多用于自然式园林中，可用于桥、亭、台、榭的点缀和陪衬，也可专设于路旁、水边、庭院、草坪或广场一侧，以丰富景观色彩和景观层次，活跃园林气氛。运用写意手法，几株树木丛植，姿态各异、相互趋承，便可形成一个景点或构成一个特定空间。

自然式丛植的植物品种可以相同，也可以不同，植物的规格、大小、高度尽量要有所差异，按照美学构图原则进行植物的组合搭配。一方面，对于树木的大小、姿态、色彩等都要认真选配；另一方面，还应该注意植物的株行距设置，既要尽快达到观赏要求，又要满足植物生长的需要，也就是说，树丛内部的株距以达到郁闭效果但又不致影响植物的生长发育为宜。

丛植形成的树丛既可做主景，也可以做配景。做主景时四周要空旷，宜用针阔叶混植的树丛，有较为开阔的观赏空间和通道视线，栽植点位置较高，使树丛主景突出。树丛配置在空旷草坪的视点中心上，具有极好的观赏效果；在水边或湖中小岛上配置，可作为水景的焦点，能使水面和水体活泼而生动；公园进门后配置一丛树丛，既可观赏，又有障景的作用。在中国古典山水园林中，树丛常与山石组合，设置于粉墙前、廊亭侧或房屋角隅，组成特定空间内的主景。除了做主景外，树丛还可以做假山、雕塑、建筑物或其他园林设施的配景，如用作小路分歧的标志或遮蔽小路的前景，峰回路转，形成不同的空间分割。同时，树丛还能做背景，如用樟树、女贞、油松或其他常绿树丛植做为背景，前面配置桃花等早春观花树木或宿根花境，均有很好的景观效果。

（2）树丛造景形式设计

①两株配合。树木配置构图上必须符合多样统一的原理，既要有调和，又要有对比。因此，两株树的组合，首先必须有其通相，同时又有其殊相，才能使两者有变化又有统一。凡是差别太大的两种树木，如棕榈和马尾松就对比太强、不太协调，很难配置在一起。

树种大小、姿态及动势等方面要有所变化，才能生动活泼。正如明朝画家龚贤所说："二株一丛，必一俯一仰，一欹一直，一向左一向右，一有根一无根，一平头一锐头，二根一高一下。"栽植距离不大于两树冠半径之和，以使之成为一个整体。如果栽植距离大于成年树的树冠，那就变成两株独树而不是一个树丛。不同种的树木，如果在外观上十分相似，也可以考虑配置在一起，如桂花和女贞为同科不同属的植物，但外观相似，又同为常绿阔叶乔木，配置在一起十分合宜，不过在配置时应把桂花放在重要位置，女贞作为陪衬，否则降低桂花的景观品质。同一个树种下的变种和品种，一般差异很小，可以会配置在一起，如红梅与绿萼梅相配，就很协调。但是，即便是同一种的不同变种，如果外观上差异太大，仍然不适合配置在一起，如龙爪柳与馒头柳同为旱柳变种，但由于外形相差太大，配在一起就会不调和。

②三株配合。三株树丛的配合中，可以用同一个树种，也可用两种，但最好同为常绿树或同为落叶树，同为乔木或灌木。三株树木的大小、姿态都应有差异和对比，但应符合多样统一法则。画论指出："三株一丛，第一株为主树，第二为客树，第三为从树。""三

树一丛，则两株宜近，一株宜远，以示别也。近者曲而俯，远者宜直而仰。""三株一丛，三树不宜结，亦不宜散，散则无情。""乔灌分明，常绿落叶分清，针叶阔叶有异。总体上讲求美，有法无式，不可拘泥。"

③四株配合。四株树丛的配合，用一个树种或两个不同的树种，不要乔木、灌木合用。当树种完全相同时，在体形、姿态、大小、距离、高矮上，应力求不同，栽植点标高也可以变化。

四株树组合的树丛，不能种在一条直线上，要分组栽植，但不能两两组合，也不要任何三株成一直线，树种相同时，在树木大小排列上，最大的一株要在集体的一组中，远离的可用大小排列在第二、三位的一株；当树种不同时，其中三株为一种，一株为另一种，这另一株不能最大，也不能最小，这一株不能单独成一个小组，必须与其他种组成一个混交树丛，在这一组中，这一株应与另一株靠拢，并居于中间，不要靠边。

④五株配合。种植同一树种时，通常采用三、二分组的方式。组合原则分别同三株式和两株式树丛，两小组须各具动势，同时取得均衡。

五株树丛由两个树种组成时，一个树种为三株，另一个树种为两株，否则不易协调。

五株由两个树种组成的树丛，配置上可分为一株和四株两个单元，也可分为两株和三株的两个单元。当树丛分为1∶4两个单元时，三株的树种应分置两个单元中，两株的一个树种应置于一个单元中，不可把两株的那个树种分配为两个单元。或者，如有必要把两株的树种分为两个单元，其中一株应该配置在另一树种的包围之中。当树丛分为3∶2两个单元时，不能三株的树种在同一单元，两株的树种在同一单元。

⑤五株以上的树丛。由两株、三株、四株、五株几个基本配合形式相互组合而成。不同功能的树丛，树种造景要求不同。庇荫树丛，最好采用同一树种，用草地覆盖地面，并设天然山石作为坐石或安置石桌、石凳。观赏树丛可用两种以上乔木或灌木组成。理解了五株配置的道理，则六、七、八、九株同理类推。《芥子园画传》中说："五株既熟，则千株万株可以类推，交搭巧妙，在此转关。"其关键仍在调和中要求对比差异，差异中要求调和，所以株数越少，树种越不能多用。在十到十五株以内时，外形相差太大的树种，最好不要超过五种。

5. 群植

群植指成片种植同种或多种树木，常由二三十株甚至数百株的乔木、灌木组成，可以分为单纯树群和混交树群。单纯树群由一个树种构成；混交树群是树群的主要形式。完整时从结构上可分为乔木层、亚乔木层、大灌木层、小灌木层和草本层。乔木层选用的树种树冠姿态要特别丰富，使整个树群的天际线富于变化；亚乔木层宜选用开花繁茂或叶色美丽的树种；灌木一般以花木为主；草本植物则以宿根花卉为主。

树群所表现的主要为群体美，观赏功能与树丛近似，在大型公园中可作为主景，应该布置在有足够距离的开阔场地上，如靠近林缘的大草坪上、宽广的林中空地、水中的小岛上、宽广水面的水滨、小山的山坡，以及土丘上等，尤其配置于滨水效果更佳。树群主要立面的前方，至少在树群高度的4倍、宽度的1.5倍距离上，要留出空地，以便游人欣赏。树群规模不宜太大，构图上要四面空旷；组成树群的每株树木，在群体的外貌上，都能起到一定作用；树群的组合方式，一般采用郁闭式，成层地结合。树群内部通常不允许游人进入，因而不利于做庇荫休息之用，但是树群的北面，以及树冠开展的林缘部分，仍可供庇荫休息之用。树群也可做背景，两组树群配合还可起到框景的作用。

群植是为了模拟自然界中的树群景观，根据环境和功能的要求，可多达数百株，但应以一两种乔木树种为主体和基调树种，分布于树群各个部位，以取得和谐、统一的整体效果。其他树种不宜过多，一般不超过十种，否则会显得凌乱和繁杂。在选用树种时，应考虑树群外貌的季相变化，使树群景观具有不同的季节景观特征。树群设计应当源于自然而高于自然，把客观的自然树群形象与设计者的感受情思结合起来，抓住自然树群最本质的特征加以表现，求神似而非形似。群植主要表现树木的群体美，要求整个树群疏密自然，林冠线和林缘线变化多端，并适当留出林间小块隙地，配合林下灌木和地被植物的应用，以增添野趣。

同丛植相比，群植更要考虑树木的群体美、树群中各树种之间的搭配，以及树木与环境的关系，对树种个体美的要求没有树丛严格，因而树种选择的范围更广。由于树群的树木数量多，特别是对较大的树群来说，树木之间的相互影响、相互作用会变得突出，因此，在树群的配置和营造中要十分注意各种树木的生态习性，创造满足其生长的生态条件，要注意耐阴种类的选择和应用。从景观角度考虑，树群外貌要有高低起伏变化，注意林冠线、林缘线的优美及色彩季相效果。

树群组合的基本原则为，高度喜光的乔木层应该分布在中央，亚乔木在其四周，大灌木、小灌木在外缘，这样不致相互遮掩，但其各个方向的断面，不能像金字塔那样机械，树群的某些外缘可以配置一两个树丛及几株孤植树。

树群内植物的栽植距离要有疏密的变化，构成不等边三角形，切忌成行、成排、成带的栽植，常绿、落叶、观叶、观花的树木，其混交的组合，不可用带状混交，应该用复层混交及小块混交与点状混交相结合的方式。树群内，树木的组合必须很好地结合生态条件，第一层乔木应该是阳性树；第二层亚乔木可以是半阴性的；种植在乔木庇荫下及北面的灌木应该半阴性或阴性；喜暖的植物应该配置在树群的南方和东南方。

6. 林植

林植是大面积、大规模的成带成林状的配置方式，形成林地和森林景观。这是将森林学、造林学的概念和技术措施按照园林的要求引入自然风景区、大面积公园、风景游览区或休闲疗养区及防护林带建设中的配置方式。

林植一般以乔木为主，有林带、密林和疏林等形式，而从植物组成上分，又有纯林和混交林的区别，景观各异。林植时应注意林冠线的变化、疏林与密林的变化、林中树木的选择与搭配、群体内及群体与环境间的关系，以及按照园林休憩游览的要求留有一定大小的林间空地等措施。

（1）林带

一般为狭长带状，多用于周边环境，如路边、河滨、广场周围等。大型的林带如防护林、护岸林等可用于城市周围、河流沿岸等处，宽度随环境而变化。既有规则式的，也有自然式的。

林带多选用1~2种高大乔木，配合林下灌木组成，林带内郁闭度较高，树木成年后树冠应能交接。林带的树种应选择根据环境和功能而定，如工厂、城市周围的防护林带，应选择适应性强的种类，如刺槐、杨树、白榆及侧柏等；河流沿岸的林带则应选择喜湿润的种类，如赤杨、落羽杉、桤木等；而广场、路旁的林带，应选择遮阴性好、观赏价值高的种类，如常用的有水杉、白桦、银杏、女贞、柳杉等。

（2）密林

密林一般用于大型公园和风景区，郁闭度常在0.7~1.0，阳光很少透入林下，土壤湿度很大，地被植物含水量高、组织柔软脆弱，经不起踩踏，容易弄脏衣物，不便游人活动。林间常布置曲折的小径，可供游人散步，但一般不供游人做大规模活动。不少公园和景区的密林是利用原有的自然植被加以改造形成，如长沙岳麓山、广州越秀山等。为了提高林下景观的艺术效果，密林的水平郁闭度不可太高，最好在0.7~0.8，以利林下植被正常生长和增强可见度。

密林又有单纯密林和混交密林之分。在艺术效果上各有特点，前者简洁壮阔，后者华丽多彩，两者相互衬托，特点更突出，因此不能偏废。但从生物学特性来看，混交密林比单纯密林好，故在园林中纯林不宜太多。

①单纯密林。单纯密林是由一个树种组成的，没有垂直郁闭景观美和丰富的季相变化。为了弥补这一缺点，可以采用异龄树种造林，结合利用起伏地形的变化，同样可以使林冠得到变化。林区外缘还可以配置同一树种的树群、树丛和孤植树，增强林缘线的曲折变化。林下配置一种或多种开花华丽的耐阴或半耐阴草本花卉，以及低矮、开花繁茂的耐

阴灌木。单纯林植一种花灌木也可以取得简洁壮阔之美。从景观角度，单纯密林一般选用观赏价值较高、生长健壮的适生树种，如马尾松、油松、白皮松、水杉、枫香、桂花、黑松以及竹类植物。

②混交密林。混交密林是一个具有多层复合结构的植物群落，大乔木、小乔木、大灌木、小灌木、高草及低草各自根据自己的生态要求和彼此相互依存的条件，形成不同的层次，所以，季相变化比较丰富。供游人欣赏的林缘部分，其垂直成层构图要十分突出，但也不能全部塞满，以致影响游人欣赏林下特有的幽邃深远之美。

混交密林的种植设计，大面积的可采用不同树种的片状、带状或块状混交，小面积的多采用小片状或点状混交，一般不用带状混交，同时要注意常绿与落叶、乔木与灌木的配合比例，以及植物对生态因子的要求。单纯密林和混交密林在艺术效果上各有特点，前者简洁壮阔，后者华丽多彩，两者相互衬托，特点更突出，因此不能偏废。但是从生物学的特性来看，混交密林比单纯密林好，故在园林中纯林不宜太多。

（3）疏林

疏林的郁闭度一般为 0.4~0.6，而疏林草地的郁闭度可以更低，通常在 0.3 以下。常由单纯的乔木构成，一般不布置灌木和花卉，但留出小片林间隙地。在景观上具有简洁、淳朴之美，常用于大型公园的休息区，并与大片草坪相结合，形成疏林草地景观。疏林草地是园林中应用最多的一种形式，游人可在林间草地上休息、游戏、看书、摄影、野餐及观景等。疏林中的树种应具有以下特点：树冠开展，树荫疏朗，生长强健，花和叶的色彩丰富，树枝线条曲折多变，树干美观。在植物搭配上，常绿树与落叶树搭配要合适，一般以落叶树为多。常用的树种有白桦、水杉、银杏、枫香、金钱松和毛白杨等。疏林中树木的种植应三五成群，疏密相间，有断有续，错落有致，构图生动活泼。树木间距一般为 10~20m。林下草坪应该含水量少、组织坚韧耐践踏、不污染衣服，最好冬季不枯黄。土质条件好的地点可只种植一些多年生花卉以丰富景观效果。

疏林还可以与广场相结合形成疏林广场，多设置于游人活动和休息使用较频繁的环境。树木选择同疏林草地，只是林下做硬地铺装，树木种植于树池中。树种选择时还要考虑具有较高的分枝点，以利于人员活动，并能适应因铺地造成的不良通气条件。地面铺装材料可选择混凝土预制块料、花岗岩、拉草砖等，较少使用水泥混凝土整体铺筑。

（二）花卉造景

花卉是园林植物造景的基本素材之一，具有种类繁多、色彩丰富艳丽、生产周期短、布置方便、更换容易、花期易于控制等优点，因此，在园林中广泛应用，做观赏和重点装饰、色彩构图之用，在烘托气氛、基础装饰、分隔屏障、组织交通等方面有着独特的景观效果。

（三）草坪与地被造景

1. 草坪景观

草坪是指有一定设计、建造结构和使用目的的人工建植的多年生草本植物形成的坪状草地，是由草的枝条系统、根系和土壤最上层（约10cm）构成的整体，有独特的生态价值和审美价值。

（1）草坪在园林中的应用特点

①用途广，作用大。

草坪的园林功能是多方面的，除了保持水土，防止冲刷；覆盖地面，减少飞尘；消毒杀菌，净化空气；降低气温，增加温度；美化环境，有益卫生等功能外，还有两项独特的作用：一是绿茵覆盖大地替代了裸露的土地，给整个城市以整洁清新、绿意盎然、生机勃勃之感；二是柔软的禾草铺装成绿色的地毯，为人们提供了理想的户外游憩场地。

②见效快。

草坪植物生长快速，无论是直播还是铺设草坪，均能在较短时间内获得良好的绿化效果，见效极快，这是树木难以企及的。

③观赏价值高。

大片的绿色草坪给人以平和、凉爽、亲切，以及视线开阔、心胸舒畅之感。特别是在拥挤嘈杂的都市，如毯般的绿色草坪能给人以幽静的感觉，能陶冶人的情操，净化人的心灵，开阔人的心胸，稳定人的情绪，激发人的想象力和创造力。平坦舒适的绿色草坪，更是人们休闲娱乐的理想场所，能激发孩子们的游戏兴趣，给家庭生活带来欢乐。

④组景方式多样。

第一，草坪做主景。草坪以平坦、致密的绿色平面，能够创造开朗柔和的视觉空间，具有较高的景观作用，可以作为园林的主景进行造景。如在大型广场、街心绿地和街道两旁，四周是灰色硬质的建筑和铺装路面，缺乏生机和活力，铺植优质草坪，形成平坦的绿色景观，则对广场、街道的美化装饰具有极大的作用。公园中大面积的草坪能够形成开阔的局部空间，丰富了景点内容，并为游人提供了安静的休息场所。机关、医院、学校及工矿企业也常在开阔的空间建植草坪，形成一道亮丽的风景。草坪也可以控制其色差变化，而形成观赏图案，或抽象，或现代，或写实，以便更具艺术魅力。

第二，草坪做基调。绿色草坪是城市景观最理想的基调，是园林绿地的重要组成部分。在草坪中设置雕塑、喷泉、纪念碑等建筑小品，以草坪衬托出主景物的雄伟。与其他植物材料、山石、水体、道路造景，可形成独特的园林小景。目前，许多大中城市都辟建有面积较大的公园休息绿地、中心广场绿地，借助草坪的宽广，烘托出草坪中心主要景物的雄伟。

但要注意不要过分应用草坪，特别是缺水城市更应适当应用。因为草坪更新快，绿化量值低，生态效益不如乔木、灌木高，草坪还存在容纳量小、实用性不强、维护成本高等不足。这些均是做草坪景观设计时应慎重考虑的因素。

（2）草坪景观的类型

根据用途，草坪可以做以下形式设计：

①游憩性草坪。

一般建植于医院、疗养院、机关、学校、住宅区、家庭庭院、公园及其他大型绿地之中，供人们工作、学习之余休息、疗养和开展娱乐活动。这类草坪一般采取自然式建植，没有固定的形状，大小不一，允许人们入内活动，管理较粗放。选用的草种适应性要强，耐践踏，质地柔软，叶汁不易流出，以免污染衣服。面积较大的游憩性草坪要考虑造景一些乔木以供遮阴，也可点缀石景、园林小品及花丛、花带。

②观赏性草坪。

指园林绿地中专供观赏用的草坪，也称装饰性草坪。如铺设在广场、道路两边或分车带、雕像、喷泉或建筑物前，以及花坛周围，独立构成景观或对其他景物起装饰或陪衬作用的草坪。这类草坪栽培管理要求精细，应严格控制杂草丛生，要有整齐美观的边缘，并多采用精美的栏杆加以保护，仅供观赏。为提高草坪的观赏性，有的观赏性草坪还造景一些草本花卉，形成缀花草坪。

③运动场草坪。

指专供开展体育运动的草坪。如高尔夫球场草坪、足球场草坪、网球场草坪、赛马场草坪、垒球场草坪、滚木球场草坪、橄榄球场草坪和射击场草坪等。此类草坪管理精细，对草种要求韧性强、耐践踏，并能耐频繁的修剪，以便形成均匀整齐的平面。

④环境保护草坪。

这类草坪主要是为了固土护坡，覆盖地面，不让黄土裸露，从而达到保护生态环境的作用。如可以在铁路、公路、水库、堤岸、陡坡处铺植草坪，防止冲刷引起水土流失，对路基、护岸和坡体起到良好的防护作用。在城市角隅空地、林地、道旁等土地裸露的地段用草坪覆盖地面，能够固定土壤、防止风沙、减少扬尘、改善城市生态环境。在飞机场、精密仪器厂建植草坪，能够保持良好的环境，减弱噪声，减少灰尘，保护飞机和机器的零部件，延长使用年限，保证运行安全。这类草坪的主要目的是发挥其防护和改善生态环境的功能，要求选样的草种适应性强，根系发达，草层紧密，抗旱、抗寒、抗病虫害能力强，一般面积较大，管理粗放。

⑤其他草坪。

这是指一些特殊场所应用的草坪，如停车场草坪、人行道草坪。建植时多用空心砖铺设停车场或路面，在空心砖内填上建植草坪。这类草坪要求草种适应能力强，耐高度践踏和耐干旱。

以上的草坪设计形式不是绝对的，仅是侧重于某一方面的功能来界定的。每种草坪往往具有双重或多重功能，如观赏性草坪同样具有改善环境的生态作用，而环境保护草坪本身就具有美化环境的观赏功能。设计时能实现多种功能结合，是更加理想的状态。

2. 地被景观

地被植物泛指可将地面覆盖，使泥土不致裸露，具有保护表土及美化功能的低矮植物。一般植株高 30~60cm，大部分地被植物的茎叶密布生长，并具有蔓生、匍匐的特性，易将地表遮盖覆满。

地被植物景观可以增加植物层次，丰富园林景色。同时又能增加城市的绿量，具有减少尘土与细菌的传播、净化空气、降低气温、改善空气湿度和减少地面辐射等作用，并能保持水土环境，减少或抑制杂草生长。

在地被植物应用中，不但要充分了解各种地被植物的生态习性，还应根据其对环境条件的要求、生长速度及长成后的覆盖效果与乔、灌、草进行合理搭配，以便营造出理想的景观。

地被植物景观设计须注意以下三个方面：

（1）地被植物景观的设计原则

①适地适树，合理造景。在充分了解种植地环境条件和地被植物本身特性的基础上合理造景。如入口绿地主要是美化环境，可以用低矮整齐的小灌木和时令草花等地被植物进行造景，以亮丽的色彩或图案吸引游人；山林绿地主要是覆盖黄土，美化环境，可选用耐阴类地被植物进行布置；路旁则根据园路的宽窄与周围环境，选择开花地被植物，使游人能不断欣赏到因时序而递换的各色园景。

②按照园林绿地的功能、性质不同来造地被植物景观。按照园林绿地不同的性质、功能，不仅乔木、灌木造景不同，地被植物的造景也应有所区别。

③高度搭配适当。一般来说，园林地被植物是植物群落的最底层，选择合适的高度是很重要的。在上层乔木、灌木分枝高度都比较高时，下层选用的地被植物可适当高一些。

反之，上层乔木、灌木分枝点低或是球形植株，则应根据实际情况选用较低的种类，如在花坛边，地被植物则应选择一些更矮的匍地种类。

④色彩协调，四季有景。园林地被植物与上层乔木、灌木同样有着各种不同的叶色、花色和果色。因此，在群落搭配时要使上下层的色彩相互协调，叶期、花期错落，具有丰富的季相变化。

（2）地被植物景观的设计形式

①缀花地被。在草坪上可点缀观花地被植物，如鸢尾、石蒜、葱兰、红花酢浆草、马蔺、二月兰、野豌豆等草本和球根地被，这些地被植物可布置成不同的形状，形成类似高山草甸的景观。缀花地被应有疏有密，自然错落，有叶有花。自然界的高山草甸是进行缀花地被设计的范本。

②林下地被。在乔木、灌木下种植一种或多种地被，使其四季有景，层次色彩丰富。林下种植地被宜选用耐阴的种类，如八角金盘、鹅掌柴、麦冬等。

③林缘地被。在林地边缘地带用宿根、球根或一、二年生草本花卉成片点缀其间，形成人工植物群落。如南京情侣园中以冷杉、云杉为背景，前面栽植英国小月季、月月红、月季，将萱草和书带草做地被，形成美丽自然的林缘景观。

④湿生地被。在水景边土壤潮湿的地段，可种植一些耐水湿的地被植物，如石菖蒲、筋骨草、蝴蝶花、德国鸢尾和石蒜等植物，以营造出具有山野情趣的湿地景观效果。

⑤大面积的花海地被。在主干道和主要景区，可采用一些花朵艳丽、开花整齐、色彩多样的植物，采用大手笔、大色块的手法大面积栽植形成花海景观，着力突出这类低矮植物的群体美，形成美丽的景观，如向日葵、薰衣草、杜鹃、波斯菊、万寿菊、红花酢浆草、葱兰等。

（3）地被植物材料的选择

地被植物为多年生低矮植物，适应性强，包括匍匐型的灌木和藤本植物，其选择标准如下：一是植株低矮，按株高分优良，一般分为30cm以下、50cm左右、70cm左右几种，一般不超过100cm；二是绿叶期较长，植丛能覆盖地面，具有一定的防护作用。三是生长迅速，繁殖容易，管理粗放；四是适应性强，抗干旱、抗病虫害、抗瘠薄，有利于粗放管理。

（四）藤本植物造景

攀缘植物是园林植物中重要的一类，它们的攀缘习性和观赏特性各异，在园林造景中有着特殊的用途，是重要的垂直绿化材料，可广泛应用于棚架、花格、篱垣、栏杆、凉廊、墙面、山石、阳台和屋顶等多种造景方式中。

充分利用攀缘植物进行垂直绿化是增加绿化面积、改善生态环境的重要途径。垂直绿化不仅能够弥补平地绿化之不足，丰富绿化层次，有助于恢复生态平衡，而且可以增加城市及园林建筑的艺术效果，使之与环境更加协调统一、生动活泼。

1. 附壁式造景

吸附类攀缘植物不需要任何支架，可通过吸盘或气生根固定在垂直面上。因而，围墙、楼房等的垂直立面上，可以用吸附类攀缘植物进行绿化，从而形成绿色或五彩的挂毯。

附壁式造景在植物材料选择上，应注意植物材料与被绿化物的色彩、形态、质感的协调。粗糙表面如砖墙、石头墙、水泥混沙抹面等可选择枝叶较粗大的种类，如爬山虎、薜荔、珍珠莲、常春卫矛及凌霄等；而表面光滑、细密的墙面如马赛克贴面则宜选用枝叶细小、吸附能力强的种类，如络石、小叶扶芳藤、常春藤等。在华南地区，阴湿环境中还可选用蜈蚣藤、爬树龙、绿萝等。考虑到单一种类观赏特性的缺陷，可利用不同种类间的搭配以延长观赏期，创造四季景观。

墙面的附壁式造景除了应用吸附类攀缘植物以外，还可使用其他植物，但一般要对墙体进行简单的加工和改造。如将镀锌铁丝网固定在墙体上，或靠近墙体扎制花篱架，或仅仅在墙体上拉上绳索，即可供葡萄、猕猴桃、蔷薇等大多数攀缘植物援墙而上。固定方法的解决，为墙面绿化的品种多样化创造了条件。

2. 篱垣式造景

篱垣式造景主要用于篱架、栏杆、铁丝网、栅栏、矮墙、花格的绿化，这类设施在园林中最基本的用途是防护或分隔，也可单独使用，构成景观。由于这类设施大多高度有限，对植物材料攀缘能力的要求不太严格，几乎所有的攀缘植物均可用于此类造景方式，但不同的篱垣类型各有适宜的材料。

此外，在篱垣式造景中，还应当注意各种篱垣的结构是否适于攀援植物攀附，或根据拟种植的种类采用合理的结构。一般而言，木本缠绕类可攀缘直径20cm以下的柱子，而卷须类和草本缠绕类大多需要直径3cm以下的格栅供其缠绕或卷附，蔓生类则应在生长过程中及时进行人工引领。

3. 棚架式造景

选择合适的材料和构件建造棚架，栽植藤本植物，以观花、观果为主要目的，兼具遮阴功能，这是园林中最常见、结构造型最丰富的藤本植物景观营造方式，应选择生长旺盛、枝叶茂密、观花或观果的植物材料。对大型木本、藤本植物建造的棚架要坚固结实，在现代园林绿地中，多用水泥构件建成棚架。对草本的植物材料可选择轻巧的构件建造棚架。可用于棚架的藤本植物有猕猴桃、葡萄、三叶木通、紫藤、野蔷薇、木香、炮仗花、丝瓜、观赏南瓜、观赏葫芦等。

卷须类和缠绕类攀缘植物均可供棚架造景使用，紫藤、中华猕猴桃、葡萄、木通、五味子、木通马兜铃、常春油麻藤、瓜馥木、炮仗花、鸡血藤、西番莲和蓝花鸡蛋果等都是适宜的材料。部分枝蔓细长的蔓生种类同样也是棚架式造景的适宜材料，如叶子花、木香、蔷薇、荷花蔷薇、软枝黄蝉等，但前期应当注意设立支架、人工绑缚以帮助其攀附。

绿亭、绿门、拱架一类的造景方式也属于棚架式的范畴。不过，在植物材料选择上更应偏重于花色鲜艳、枝叶细小的种类，如铁线莲、叶子花、蔓长春花等。以金属或木架搭成的拱门，可用木香、蔓长春花、西番莲、夜来香、常春藤、藤本月季等攀附，形成绿色或鲜花盛开的拱门。建筑物的进出口，则可以利用遮雨板。

4. 立柱式

城市中的各种立柱，如电线杆、路灯灯柱、高架路立柱、立交桥立柱不断增加，它们的绿化已经成为垂直绿化的重要内容之一。吸附类的攀缘植物最适于立柱式造景，不少缠绕类植物也可应用。但立柱所处的位置大多交通繁忙，汽车废气、粉尘污染严重，土壤条件也差，高架路下的立柱还存在着光照不足的缺点。选择植物材料时应当充分考虑这些因素，选用那些适应性强、抗污染并耐阴的种类。我国南方的高架路立柱主要选用五叶地锦、常春油麻藤、常春藤等。此外，还可用木通、南蛇藤、络石、金银花、爬山虎、蝙蝠葛、小叶扶芳藤等耐阴种类。电线杆及灯柱的绿化可选用凌霄、络石、素方花、西番莲等观赏价值高的种类，并防止植物攀爬到电线上。

园林中一些枯树如能加以绿化，也可给人一种枯木逢春的感觉。在不影响树木生长的前提下，活的树木也可用络石、小叶扶芳藤或凌霄等攀缘植物攀附，形成一根根"绿柱"，但活的树木一般不宜用缠绕能力强的大型木质藤本植物搭配。

5. 假山置石的绿化

假山置石源于自然，应反映自然山石、植被的状况，以加强自然情趣。关于假山置石的绿化，古人有"山借树而为衣，树借山而为骨，树不可繁，要见山之秀丽"的说法。悬崖峭壁倒挂三五株老藤，柔条垂拂，坚柔相衬，使人更能感到山的崇高俊美。利用攀缘植物点缀假山石，植物不宜太多，应当让山石最优美的部分充分显露出来，并注意植物与山石纹理、色彩的对比和统一。植物种类选择依据假山类型而定，一般以吸附类为主。若欲表现假山植被茂盛的状况，可选择枝叶茂密的种类，如五叶地锦、紫藤、凌霄，并配合其他树木花草。

此外，攀缘植物生长迅速，很多种类可形成低矮、浓密的覆盖层，是优良的地被植物。尤其是在地形起伏较大地段，如坡岸、石崖及风景区内，考虑到修剪的不方便，不适于种植草坪。此时，攀缘植物就是较好的选择。

第三节　园林植物景观设计

一、植物景观的配置原则

（一）自然原则

在植物的选择方面，尽量以自然生长状态为主，在配置中要以自然植物群落构成为依据，模仿自然群落的组合方式和配置形式，合理选择配置植物，避免单一物种、整齐划一的配置形式，做到"师法自然""虽由人作，宛自天开"。

（二）生态原则

在植物材料的选择、树种的搭配等方面必须最大限度地以改善生态环境、提高生态质量为出发点，也应该尽量多地选择和使用乡土树种，创造出稳定的植物群落；以生态学理论为基础，在充分掌握植物的生物学、生态学特性的基础上，合理布局，科学搭配，使各种植物和谐共存，植物群落稳定发展，从而发挥出最大的生态效益。

二、植物造型景观设计

所谓植物造型是指通过人工修剪、整形，或者利用特殊容器、栽植设备创造出非自然的植物艺术形式。植物造型更多的是强调人的作用，有着明显的人工痕迹。常见的植物造型包括绿篱、绿雕、花坛、花雕、花境、花台、花池、花车等类型。由于其造型奇特、灵活多样，植物造型景观在现代园林中的使用越来越广泛。

（一）绿篱

1. 绿篱的概念及分类

绿篱（hedge）又称为植篱或生篱，是用乔木或灌木密植成行而形成的篱垣。现代景观设计中，由于材料的丰富、养护技术的提高，绿篱被赋予了新的形态和功能。

按照外观形态及后期养护管理方式，绿篱分为规则式和自然式两种。前者外形整齐，要定期进行整形修剪，以保持体形外貌；后者形态自然随性，一般只施加少量的调节生长势的修剪即可。

按照高度，绿篱可以分为矮篱、中篱、高篱、绿墙等几种类型。此外，现在绿篱的植物材料也越来越丰富，除了传统的常绿植物，如桧柏、侧柏等，还出现了由花灌木组成的花篱、由色叶植物组成的色叶篱，比如，北方河流或者郊区道路两旁栽植由火炬树组成的彩叶篱，秋季红叶片片，分外鲜亮。

2. 绿篱设计的注意事项

（1）植物材料的选择

绿篱植物的选择应该符合以下条件：①在密植情况下可正常生长；②枝叶茂密，叶小而具有光泽；③萌蘖力强，愈伤力强，耐修剪；④整体生长不是特别旺盛，以减少修剪的次数；⑤耐阴力强；⑥病虫害少；⑦繁殖简单方便，有充足的苗源。

（2）绿篱种类的选择

应该根据景观的风格（规则式还是自然式）、空间类型（全封闭空间、半封闭空间、开敞空间）来选择适宜的绿篱类型。另外，应该注意植物的色彩，尤其是季相色彩的变化应与周围环境相协调。绿篱如果作为背景，宜选择常绿、深色调的植物；而如果作为前景或主景，可选择花色和叶色鲜艳、季相变化明显的植物。

（3）绿篱形式的确定

被修剪成长方形的绿篱固然整齐，但也会显得过于单调，所以不妨换一个造型，比如，可以设计成波浪形、锯齿形、城墙形等，或者将直线形栽植的绿篱变成"虚线"段，这些改变会使得景观环境规整中又不失灵动。

（二）花台、花池、花箱和花钵

1. 花台

花台（Raised Flower Bed）是一种明显高出地面的小型花坛，以植物的体形、花色及花台造型等为观赏对象的植物景观形式。花台用砖、石、木、竹或者混凝土等材料砌筑台座，内部填入土壤，栽植花卉。花台的面积较小，一般为 5m² 左右，高度大于 0.5m，但不超过 1m，常设置于小型广场、庭园的中央或建筑物的周围以及道路两侧，也可与假山、围墙、建筑结合造景。

花台的选材、设计方法与花坛相似，由于面积较小，一个花台内通常只以一种花卉为主，形成某一花卉品种的"展示台"。由于花台高出地面，所以，常选用株型低矮、枝繁叶茂并下垂的花卉，如矮牵牛、美女樱、天门冬、书带草等较为相宜，花台植物材料除一、二年生花卉、宿根及球根花卉外，也常使用木本花卉，如牡丹、月季、杜鹃花、迎春、凤尾竹、菲白竹等。

按照造型特点，花台可分为规则式和自然式两类。规则式花台常用于规则的空间，为了形成丰富的景观效果，常采用多个不同规格的花台组合搭配。

自然式花台，又被称为盆景式花台，顾名思义，就是将整个花台视为一个大型的盆景，按制作盆景的艺术手法配置植物，常以松、竹、梅、杜鹃、牡丹等为主要植物材料，配以山石、小品等，构图简单、色彩朴素，以艺术造型和意境取胜。我国古典园林，尤其是江南园林中常见用山石砌筑的花台，称为山石花台。因江南一带雨水较多，地下水位相对较高，一些传统名贵花木，如牡丹性喜高爽，要求排水良好的土壤条件，采用花台的形式，可为植物的生长发育创造适宜的生态条件，同时山石花台与墙壁、假山等结合，也可以形成丰富的景观层次。

2. 花池

花池是利用砖、混凝土、石材、木头等材料砌筑池边，高度一般低于 0.5m，有时低于自然地坪。花池内部可以填充土壤直接栽植花木，也可放置盆栽花卉。花池的形状多数比较规则，花卉材料的运用以及图案的组合较为简单。花池内应尽量选择株型整齐、低矮，花期较长的植物材料，如矮牵牛、宿根福禄考、鼠尾草、万寿菊、串儿红、羽衣甘蓝、钓钟柳、鸢尾、景天属等。

3. 花箱

花箱（Flower Box）是用木、竹、塑料、金属等材料制成的专门用于栽植或摆放花木的小型容器。花箱的形式多种多样，也可以是规则形状（正方体、棱台、圆柱等）的。

4. 花钵

花钵是种植或者摆放花材的容器，一般为半球形碗状或者倒棱台、倒棱台状，质地多为砂岩、泥、瓷、塑料、玻璃钢及木制品。按照风格不同，花钵可分为古典式和现代式。

古典式又分为欧式、地中海式和中式等多种风格。欧式花钵多为花瓶或者酒杯状，以花岗岩石材为主，雕刻有欧式传统图案；地中海式花钵是造型简单的陶罐；中式花钵多以花岗岩、木质材料为主，呈半球、倒圆台等形式，装饰有中式图案。现代式花钵多采用木质、砂岩、塑料、玻璃钢等材料，造型简洁，少有纹理。

其实，花台、花池、花箱、花钵都是小型的花坛，所以，材料的选择、色彩的搭配、设计方法等与花坛比较近似，但某些细节稍有差异。

首先，它们的体量都比较小，所以，在选择花卉材料时种类不应太多，应该控制在1~2种，并注意不同植物材料之间要有所对比，形成反差，不同花卉材料所占的面积应该有所差异，即应该有主有次。

其次，应该注意栽植容器的选择，以及栽植容器与花卉材料组合搭配效果。通常是先根据环境、设计风格等确定容器的材质、式样、颜色，然后再根据容器的特征选择植物材料，比如，方方正正的容器可以搭配植株整齐的植物，如串儿红、鼠尾草、鸢尾、郁金香等；如果是球形或者不规则形状的容器，则可以选择造型自然随意或者下垂型的植物，如天门冬、矮牵牛等；如果容器的材质粗糙或者古朴，最好选择野生的花卉品种，如狼尾草；如果容器质感细腻、现代时尚，一般宜选择枝叶细小、密集的栽培品种，如串儿红、鸡冠花、天门冬等。当然，以上所述并不完全绝对，一个方案往往受到许多因素的影响，即使是很小的规模也应该进行综合、全面的分析，在此基础上进行设计。

最后，还要注意的是对于高于地面的花台、花池、花箱或者花钵，必须设计排水盲沟或者排水口，避免容器内大量积水影响植物的生长。

第六章
现代园林景观中的建筑与小品设计

第一节 园林景观中的建筑设计

一、园林建筑的含义与特点

(一) 园林与园林建筑

园林是指在一定的地域运用工程技术和艺术手段,通过改造地形(或进一步筑山、叠石、理水)、种植树木花草、营造建筑和布置园路等途径创作而成的自然环境和游憩境域。一般来说,园林的规模有大有小,内容有繁有简,但都包含四种基本要素,即土地、水体、植物和建筑。其中,土地和水体是园林的地貌基础,土地包括平地、坡地、山地,水体包括河、湖、溪、涧、池、沼、瀑、泉等。天然的山水需要加工、修饰、整理,人工开辟的山水讲究造型,还要解决许多工程问题。因此,筑山和理水就逐渐发展成为造园的专门技艺。植物栽培最先是以生产和实用为目的,随着园艺科技的发展才有了大量供观赏之用的树木和花卉。现代园林中,植物已成为主角,植物材料在园林中的地位更加突出了。上述三种要素都是自然要素,具有典型的自然特征。在造园中必须遵循自然规律,才能充分发挥其应有的作用。

园林建筑是指在园林中具有造景功能,同时又能供人游览、观赏、休息的各类建筑物。在中国古代的皇家园林、私家园林和寺观园林中,建筑物占了很大比重,其类别很多,变化丰富,积累着中国建筑的传统艺术及地方风格,匠心巧构在世界上享有盛名。现代园林中建筑所占的比重需要大量减少,但对各类建筑的单体仍要仔细观察和研究它的功能、艺术效果、位置、比例关系,与四周的环境协调统一等。无论是古代园林,还是现代园林,通常都把建筑作为园林景区或景点的"眉目"来对待,建筑在园林中往往起着画龙点睛的重要作用。所以，常常在关键之处，置以建筑作为点景的精华。园林建筑是构成园林诸要素中唯一的经人工提炼又与人工相结合的产物，能够充分表现人的创造和智慧，体现园林意境，并使景物更为典型和突出。建筑在园林中就是人工创造的具体表现，适宜的建筑不仅能使园林增色，更能使园林富有诗意。由于园林建筑是由人工创造出来的，比起土地、水体、植物来，人工的味道更浓，受到自然条件的约束更少。建筑的多少、大小、式样、色彩等处理，对园林风格的影响很大。一个园林的创作，是要幽静、淡雅的山林、田园风格，还是要艳丽、豪华的趣味，也主要决定于建筑淡妆与浓抹的不同处理。园林建筑是由于园林的存在而存在的，没有园林与风景，就根本谈不上园林建筑这种建筑类型。

（二）园林建筑的功能

一般来说，园林建筑大都具有使用和景观创造两个方面的作用。

就使用方面而言，它们可以是具有特定使用功能的展览馆、影剧院、观赏温室、动物兽舍等；也可以是具备一般使用功能的休息类建筑，如亭、榭、厅、轩等；还可以是供交通之用的桥、廊、花架、道路等；此外，还有一些特殊的工程设施，如水坝、水闸等。

园林建筑的功能主要表现在它对园林景观创造方面所起的积极作用，这种作用可以概括为下列四个方面：

1. 点景

即点缀风景。园林建筑与山水、植物等要素相结合而构成园林中的许多风景画面，有宜就近观赏的，有适于远眺的。在一般情况下，园林建筑常作为这些风景画面的重点和主景，没有这座建筑也就不成其为"景"，更谈不上园林的美景了。重要的建筑物往往作为园林的一定范围内甚至整座园林的构景中心，例如，北京北海公园中的白塔、颐和园中的佛香阁等都是园林的构景中心，整个园林的风格在一定程度上也取决于建筑的风格。

2. 观景

即观赏风景。以一幢建筑物或一组建筑群作为观赏园内景观的场所；它的位置、朝向、封闭或开敞的处理往往取决于得景的佳否，即是否能够使得观赏者在视野范围内摄取到最佳的风景画面。在这种情况下，大至建筑群的组合布局，小到门窗、洞口或由细部所构成的"框景"都可成为剪裁风景画面的手段。

3. 范围空间

即利用建筑物围合成一系列的庭院；或者以建筑为主，辅以山石植物，将园林划分为若干空间层次。

4. 组织游览路线

以园林中的道路结合建筑物的穿插、"对景"和障隔,创造一种步移景异、具有导向性的游动观赏效果。

通常,园林建筑的外观形象与平面布局除了满足和反映特殊的功能性质之外,还要受到园林选景的制约。往往在某些情况下,甚至首先要服从园林景观设计的需要。在做具体设计的时候,要把它们的功能与它们对园林景观应该起的作用恰当地结合起来。

(三) 园林建筑的特点

园林建筑与其他建筑类型相比较,具有明显的特征,主要表现为:

园林建筑十分重视总体布局,既主次分明、轴线明确,又高低错落、自由穿插;既要满足使用功能的要求,又要满足景观创造的要求。

园林建筑是一种与园林环境及自然景观充分结合的建筑。因此,在基址选择上,要因地制宜,巧于利用自然又融于自然之中。将建筑空间与自然空间融成和谐的整体,优秀的园林建筑是空间组织和利用的经典之作。"小中见大""循环往复,以至无穷"是其他造园因素所无法比拟的。

强调造型美观是园林建筑的重要特色,在建筑的双重性中,有时园林建筑美观和艺术性,甚至要重于其使用功能。在重视造型美观的同时,还要极力追求意境的表达,要继承传统园林建筑中寓意深邃的意境。要探索、创新现代园林建筑中空间与环境的新意。

小型园林建筑因小巧灵活,富于变化,常不受模式的制约,这就为设计者带来更多的艺术发挥的余地,真可谓无规可循,构园无格。

园林建筑色彩明朗,装饰精巧。在中国古典园林中,建筑有着鲜明的色彩。北京古典园林建筑色彩鲜艳,南方宅第园林则色彩淡雅。现代园林建筑色彩多以轻快、明朗为主,力求表现园林建筑轻巧、活泼、简洁、明快的性格。在装饰方面,不论古今园林建筑都以精巧的装饰取胜,建筑上善于应用各种门洞、漏窗、花格、隔断、空廊等,构成精巧的装饰,尤其将山石、植物等引入建筑,使装饰更为生动,成为建筑上得景的画面。因此,通过建筑的装饰增加园林建筑本身的美,更主要是通过装饰手段使建筑与景致取得更密切的联系。

二、园林建筑的构图原则

建筑构图必须服务于建筑的基本目的,即为人们建造美好的生活和居住的使用空间,这种空间是建筑功能与工程技术和艺术技巧结合的产物,都要符合适用、经济、美观的基本原则，在艺术构图方法上也都要考虑诸如统一变化、尺度、比例、均衡、对比等原则。然而，由于园林建筑与其他建筑类型在物质和精神功能方面有许多不同之处，因此，在构图方法上就与其他类型的建筑有所差异，有时在某些方面表现得更为突出，这正是园林建筑本身的特征。园林建筑构图原则概括起来有以下六个方面：

（一）统一

园林建筑中各组成部分，其体形、体量、色彩、线条、风格具有一定程度的相似性或一致性，给人以统一感，可产生整齐、庄严、肃穆的感觉；与此同时，为了克服呆板、单调之感，应力求在统一之中有变化。

在园林建筑设计中，大可不必为搞不成多样的变化而担心，即用不着考虑组合成所必需的各种不同要素的数量，园林建筑的各种功能会自发形成多样化的局面，当要把园林建筑设计得能够满足各种功能要求时，建筑本身的复杂性势必会演变成形式的多样化，甚至一些功能要求很简单的设计，也可能需要一大堆各不相同的结构要素。因此，一个园林建筑设计师的首要任务就应该是把那些势在难免的多样化组成引人入胜的统一。园林建筑设计中获得统一的方式有：

1. 形式统一

颐和园的建筑物，都是按当时的《清代营造则例》中规定的法式建造的。木结构、琉璃瓦、油漆彩画等，均表现出传统的民族形式，但各种亭、台、楼、阁的体形、体量、功能等，都有十分丰富的变化，给人的感觉是既多样又有形式的统一。除园林建筑形式统一之外，在总体布局上也要求形式上的统一。

2. 材料统一

园林中非生物性的布景材料，以及由这些材料形成的各类建筑及小品，也要求统一。例如，同一座园林中的指路牌、灯柱、宣传画廊、座椅、栏杆、花架等，常常是具有机能和美学的双重功能，点缀在园内制作的材料都要求是统一的。

3. 明确轴线

建筑构图中常运用轴线来安排各组成部分间的主次关系。轴线可强调位置，主要部分安排在主轴上，从属部分则在轴线的两侧或周围。轴线可使各组成部分形成整体，这时等量的二元体若没有轴线则难以构成统一的整体。

4. 突出主体

同等的体量难以突出主体，利用差异作为衬托，才能强调主体，可利用体量大小的差异、高低的差异来衬托主体，由三段体的组合可看出利用衬托以突出主体的效果。在空间的组织上，也同样可以用大小空间的差异与衬托来突出主体。通常，以高大的体量突出主体，是一种极有成效的手法，尤其在有复杂的局部组成中，只有高大的主体才能统一全局，如颐和园的佛香阁。

（二）对比

在建筑构图中利用一些因素（如色彩、体量、质感）的程度上的差异来取得艺术上的表现效果。差异程度显著的表现称为对比。对比使人们对造型艺术品产生深刻的和强烈的印象。对比使人们对物体的认识得到夸张，它可以对形象的大小、长短、明暗等起到夸张作用。在建筑构图中常用对比取得不同的空间感、尺度感或某种艺术上的表现效果。

1. 大小对比

一个大的体量在几个较小体量的衬托下，大的会显得更大，小的则会显得更小。因此，在建筑构图中常用若干较小的体量来与一个较大的体量进行对比，以突出主体，强调重点。在纪念性建筑中常用这种手法取得雄伟的效果，如广州烈士陵园南门两侧小门与中央大门形成的对比。

2. 方向的对比

方向的对比同样能取得夸张的效果。在建筑的空间组合和立面处理中，常常用垂直与水平方向的对比以丰富建筑形象。常用垂直上的体形与横向展开的体形组合在一座建筑中，以求得体量上不同方向的夸张。

横线条与直线条的对比，可使立面划分更丰富。但对比应恰当，不恰当的对比即表现为不协调。

3. 虚实的对比

建筑形象中的虚实，常常是指实墙与空洞（门、窗、空廊）的对比。在纪念性建筑中常用虚实对比造成严肃的气氛。有些建筑由于功能要求形成大片实墙，但艺术效果上又不需要强调实墙面的特点，则常加以空廊或做质地处理，以虚实对比的方法打破实墙的沉重感与闭塞感。实墙面上的光影，也能造成虚实对比的效果。

4. 明暗的对比

在建筑的布局中可以通过空间疏密、开朗与闭锁的有序变化，形成空间在光影、明暗方面的对比，使空间明中有暗，暗中有明，引人入胜。

5. 色彩的对比

色彩的对比主要是指色相对比。色相对比是指两个相对的补色为对比色，如红与绿、黄与紫等。或指色度对比，即颜色深浅程度的对比。在建筑中色彩的对比，不一定要找对比色，只要色彩差异明显的即能取得对比效果。中国古典建筑色彩对比极为强烈，如红柱与绿栏杆的对比，黄屋顶与红墙、白台基的对比。

此外，不同的材料质感的应用也能取得良好的对比效果。

（三）均衡

在视觉艺术中，均衡是任何现实对象中都存在的特性，均衡中心两边的视觉趣味中心，分量是相当的。由均衡所造成的审美方面的满足，似乎和眼睛"浏览"整个物体时的动作特点有关。假如眼睛从一边向另一边看去，觉得左右两半的吸引力是一样的，人的注意力就会像摆钟一样来回游荡，最后停在两极中间的一点上。如果把这个均衡中心有力地加以标定，以致使眼睛能满意地在上面停息下来，这就在观者的心目中产生了一种健康而平静的瞬间。

由此可见，具有良好均衡性的艺术品，必须在均衡中心予以某种强调，或者说，只有容易察觉的均衡才能令人满足。建筑构图应当遵循这一自然法则。建筑物的均衡，关键在于有明确的均衡中心（或中轴线），如何确定均衡中心，并加以适当的强调，这是构图的关键。均衡有两种类型：对称均衡与不对称均衡。

1. 对称均衡

在这类均衡中，建筑物对称轴线的两旁是完全一样的，只要以某种巧妙的手法强调均衡中心，立刻能给人一种安定的均衡感。

2. 不对称均衡

不对称均衡比对称均衡的构图更须强调均衡中心，要在均衡中心加上一个有力的"强音"。另外，也可利用杠杆的平衡原理，一个远离均衡中心、意义上较为次要的小物体，可以用靠近均衡中心、意义上较为重要的大物体来加以平衡。均衡不仅表现在立面上，而且在平面布局上、型体组合上都应加以注意。

（四）韵律

在视觉艺术中，韵律是任何物体的诸元素成系统重复的一种属性，而这些元素之间具有可以认识的关系。在建筑构图中，这种重复当然一定是由建筑设计所引起的视觉可见元素的重复。如光线和阴影，不同的色彩、支柱、开洞及室内容积等，一个建筑物的大部分效果，就是依靠这些韵律关系的协调性、简洁性及威力感来取得的。园林中的走廊以及柱子有规律地重复能形成强烈的韵律感。

建筑构图中韵律的类型大致有：

1. 连续韵律

连续韵律是指在建筑构图中由于一种或几种组成部分的连续重复排列而产生的一种韵律。连续韵律可做多种组合：

距离相等、形式相同，如柱列；或距离相等、形状不同，如园林展窗。

不同形式交替出现的韵律：如立面上窗、柱、花饰等的交替出现。

上、下层不同的变化而形成韵律，并有互相对比与衬托的效果。

2. 渐变韵律

在建筑构图中其变化规则在某一方面做有规律的递增或做有规律的递减所形成的规律。如中国塔是典型的向上递减的渐变韵律。

3. 交错韵律

在建筑构图中，各组成部分有规律地纵横穿插或交错产生的韵律。其变化规律按纵横两个方向或多个方向发展，因而是一种较复杂的韵律，花格图案上常出现这种韵律。

韵律可以是不确定的、开放式的，也可以是确定的、封闭式的。只把类似的单元做等距离的重复，没有一定的开头和一定的结尾，叫作开放式韵律。在建筑构图中，开放式韵律的效果是动荡不定的，含有某种不限定和骚动的感觉。通常情况下，在圆形或椭圆形建筑构图中，处理成连续而有规律的韵律是十分恰当的。

（五）比例

比例是各个组成部分在尺度上的相互关系及其与整体的关系。建筑物的比例包含两方面的意义：一方面，是指整体上（或局部构件）的长、宽、高之间的关系；另一方面，是指建筑物整体与局部（或局部与局部）之间的大小关系。园林建筑推敲比例与其他类型的建筑有所不同，一般建筑类型只须推敲房屋内部空间和外部体形从整体到局部的比例关系，而园林建筑除了房屋本身的比例外，园林环境中的水、树、石等各种景物，因需人工处理也存在推敲其形状、比例的问题。不仅如此，为了整体环境的协调，还特别需要重点推敲房屋和水、树、石等景物之间的比例协调关系。影响建筑比例的因素有：

1. 建筑材料

古埃及用条石建造宫殿，跨度受石材的限制，所以，廊柱的间距很小；以后用砖结构建造拱券形式的房屋，室内空间很小而墙很厚；用木结构的长远年代中屋顶的变化才逐渐丰富起来；近代混凝土的崛起，一扫过去的许多局限性，突破了几千年的老框框，园林建筑的形式也为之丰富多彩，造型上的比例关系也得到了解放。

2. 建筑的功能与目的

为了表现雄伟，建造宫殿、寺庙、教堂、纪念堂等都常常采取大的比例，某些部分可能超出人的生活尺度要求，借以表现建筑的崇高而令人景仰，这是功能的需要远离了生活的尺度。这种效果以后又被利用到公共建筑、政治性建筑、娱乐性建筑和商业性建筑等上，以达到各种不同的目的。

3. 建筑艺术传统和风俗习惯

如中国廊柱的排列与西洋的就不相同，它具有不同的比例关系。江南一带古典园林建筑造型式样轻盈清秀，是与木构架用材纤细，如细长的柱子、轻薄的屋顶、高翘的屋角、纤细的门窗栏杆细部纹样等在处理上采用较小的比例关系分不开的。同样，粗大的木构架用材，如较粗壮的柱子、厚重的屋顶、低缓的屋角起翘和较粗实的门窗栏杆细部纹样等采用了较大的比例，因而构成了北方皇家园林浑厚端庄的造型式样及豪华的气势。

现代园林建筑在材料结构上已有很大发展，以钢、钢筋混凝土、砖石结构为骨架的建筑物的可塑性很大，非特别情况不必去抄袭或模仿古代的建筑比例和式样，而应有新的创造。在其中，如能适当蕴含一些民族传统的建筑比例韵味，取得神似的效果，亦将会别开生面。

4. 周围环境

园林建筑环境中的水、树姿、石态优美与否与它们本身的造型比例，以及它们与建筑物的组合关系紧密相关，同时受人们主观审美要求的影响。水本无形，形成于周界，或溪或池，或涌泉或飞瀑，因势而别；树木有形，树种繁多，或高直或低平，或粗壮对称，或袅娜斜探，姿态万千；山石亦然，或峰或峦，或峭壁或石矶，形态各异。这些景物本属天然，但在人工园林建筑环境中，在形态上究竟采取何种比例为宜，则取决定与建筑在配合上的需要；而在自然风景区则情形相反，是以建筑物配合山水、树石为前提。在强调端庄气氛的厅堂建筑前宜取方整规则比例的水池组成水院；强调轻松活泼气氛的庭院，则宜曲折随意地组织池岸，亦可仿曲溪沟泉瀑，但须与建筑物在高低、大小、位置上配合协调。树石设置，或孤植、群植，或散布、堆叠，都应根据建筑画面构图的需要认真推敲其造型比例。

（六）色彩

色彩的处理与园林空间的艺术感染力有密切关系。形、声、色、香是园林建筑艺术意境中的重要因素，其中形与色范围更广，影响也较大，在园林建筑空间中，无论建筑物、山、石、水体、植物等主要都以其形、色动人。园林建筑风格的主要特征大多也表现在形和色两个方面。中国传统园林建筑以木结构为主，但南方风格体态轻盈，色泽淡雅；北方则造型浑厚，色泽华丽。现代园林建筑采用玻璃、钢材和各种新型建筑装饰材料，造型简洁，色泽明快，引起了建筑形、色的重大变化，建筑风格正以新的面貌出现。

园林建筑的色彩与材料的质感有着密切联系。色彩有冷暖、浓淡的差别，色的感情和联想及其象征的作用可给人以各种不同的感受。质感则主要表现在景物外形的纹理和质地两个方面。纹理有直曲、宽窄、深浅之分；质地有粗细、刚柔、隐显之别。质感虽不如色彩能给人多种情感上的联想、象征，但它可以加强某些情调上的气氛。色彩和质感是建筑材料表现上的双重属性，两者相辅共存，只要善于去发现各种材料在色彩、质感上的特点，并利用韵律、对比、均衡等各种构图变化，就有可能获得良好的艺术效果。

运用色彩与质地来提高园林建筑的艺术效果，是园林建筑设计中常用的手法，在应用时应注意下面一些问题：

1. 注重自然景物的协调关系

作为空间环境设计，园林建筑对色彩和质感的处理除考虑建筑物外，也必须推敲各种自然景物相互之间的协调关系，应该使组成空间的各要素形成有机整体，以便提高空间整体的艺术质量和效果。

2. 处理色彩质感的方法

处理色彩质感的方法，主要是通过对比或微差取得协调，突出重点，以提高艺术的表现力。

（1）对比法

色彩、质感的对比与前面所讲的大小、方向、虚实、明暗等各个方面的处理手法所遵循的原则基本上是一致的。在具体组景中，各种对比方法经常是综合运用的，只在少数情况下根据不同条件才有所侧重。在风景区布置点景建筑，如果突出建筑物，除了选择合适的地形方位和塑造优美的建筑空间体形外，建筑物的色彩最好采用与树丛山石等具有明显对比的颜色。如要表达富丽堂皇、端庄华贵的气氛，建筑物可选用暖色调高彩度的琉璃瓦、门、窗、柱子，使得与冷色调的山石、植物取得良好的对比效果。

（2）微差

所谓微差是指空间的组成要素之间表现出更多的相同性，并使其不同性对比之下可以忽略不计时所具有的差异。园林建筑中的艺术情趣是多种多样的，为了强调亲切、宁静、雅致和朴素的艺术气氛，多采用微差的手法取得协调以突出艺术意境。如成都杜甫草堂、望江亭公园、青城山风景区和广州兰圃公园的一些亭子、茶室，采用竹柱、草顶或墙、柱以树枝、树皮建造，使建筑物的色彩与质感和自然中的山石、树丛尽量一致。经过这样的处理，艺术气氛显得异常古朴、清雅、自然，耐人寻味，这些都是利用微差手法达到协调效果的典型案例。园林建筑设计，不仅单体可用上述处理手法，其他建筑小品如踏步、坐凳、园灯、栏杆等，也同样可以仿造自然的山与植物以与环境相协调。

（3）考虑色彩与质感的时候，视线距离的影响因素应予注意

对于色彩效果，视线距离越远，空间中彼此接近的颜色因空气尘埃的影响就越容易变成灰色调；而对比强烈的色彩，其中暖色相对会显得愈加鲜明。在质感方面则不同，距离越近，质感对比越显强烈，但随着距离的增大，质感对比的效果也随之逐渐减弱。例如，太湖石是一种具有透、漏、瘦特点的质地光洁呈灰白色的山石，因其玲珑多姿、造型奇特，适宜散置近观，或用在小型庭园空间中筑砌山岩洞穴，如果纹理脉络通顺，堆砌得体，尺度适宜，景致必然十分动人；但若用在大型庭园空间中堆砌大体量的崖岭峰峦，将在视线较远时看不清山形脉络，不仅不能取得气势雄伟的景观效果，反而会给人以虚假和矫揉造作的感觉。若以尺度较大、体形方正的黄石或青石堆山，则显得更为自然逼真。

此外，建筑物墙面质感的处理也要考虑视线距离的远近，选用材料的品种和决定分格线条的宽窄和深度。如果视点很远，墙面无论是用大理石、水磨石、水刷石、普通水泥色浆，只要色彩一样，其效果不会有多大区别；但是，随着视线距离的缩短，材料的不同，以及分格嵌缝宽度、深度大小不同的质感效果就会显现出来。

以上是对园林建筑构图中所遵循的一些原则进行的简单介绍和分析，实际上艺术创作不应受到各种条条框框的限制，就像画家可以在画框内任意挥毫泼墨，雕塑家可以在转台前随意加减，艺术家的形象思维驰骋千里本无拘束。这里所谓"原则"只不过是总结前人在园林和园林建筑设计中所取得的艺术成果，找出一点规律性的东西，给读者创作或评议时提供一点线索而已。切不可被这些"原则"束缚了手脚，否则便事与愿违了。

第二节　园林景观中的小品设计

人们的生活离不开艺术，艺术体现了一个国家或民族的特点，表达了人们的思想情

感。而在景观设计中，艺术因素仍然是不可或缺的，正是这些艺术小品和设施让空间环境变得生动有趣。由此可见，景观环境只是满足实用功能还远远不够，艺术小品的出现，能提高整个空间环境的艺术品质，改善城市环境的景观形象，给人们带来美的享受。

一、园林小品的概述

（一）园林小品的定义

园林小品是园林中供休息、装饰、照明、展示及为园林管理和方便游人之用的小型建筑设施，一般设有内部空间，体量小巧，造型别致。园林小品既能美化环境，丰富园趣，为游人提供休息和公共活动的方便，又能使游人从中获得美的感受和良好的教益。

（二）园林小品的功能

1. 造景功能（美化功能）

园林小品具有较强的造型艺术性和观赏价值，所以，能在环境景观中发挥重要的艺术造景功能。在整体环境中，园林小品虽然体量不大，却往往具有画龙点睛的作用。

2. 使用功能（实用功能）

许多园林小品具有使用功能，可以直接满足人们的某种需要。如亭、廊、榭、椅凳等小品，可供人们休息、纳凉和赏景；园灯可以提供夜间照明；儿童游乐设施小品可供儿童游戏、娱乐。

3. 信息传达功能（标志区域特点）

一些园林小品还具有文化宣传教育的作用，如宣传廊、宣传牌可以向人们介绍各种文化知识，以及进行法律法规教育等。道路标志牌可以给人提供有关城市及交通方位上的信息。优秀的小品具有特定区域的特征，是该地人文化历史、民风民情，以及发展轨迹的反映。园林景观中的某些设施与小品可以提高区域的识别性。

4. 安全防护功能

一些园林小品具有安全防护功能，能保证人们游览、休息或活动时的人身安全和管理秩序，并且能协调划分不同空间功能，如各种安全护栏、围墙、挡土墙等。

5. 提高整体环境品质功能

通过园林小品来表现景观主题，可以引起人们对环境和生态及各种社会问题的关注，产生一定的社会文化意义，改善景观的生态环境，提高环境艺术品位和思想境界，提升整体环境的品质。

（三）景观小品的设计原则

1. 个体设计方面

景观小品作为三维的主题艺术塑造，它的个体设计十分重要，是一个独立的物质实体，是具有一定功能的艺术实体。在设计中运用时，一定要牢记它的功能性、技术性和艺术性。掌握这三点才能设计塑造出最佳的景观小品。

（1）功能性

有些景观小品除了装饰性外，还具有一定的使用功能。景观小品是物质生活更加丰富后产生的新事物，适应城市发展的需要设计出符合功能需要的景观小品才是设计者的职责所在。

（2）技术性

设计是关键，技术是保障，只有良好的技术，才能把设计师的意图完整地表达出来。技术性必须做到合理地选用景观小品的建造材料，注意景观小品的尺寸和大小，为景观小品的施工提供有利依据。

（3）艺术性

艺术性是景观小品设计中较高层次的追求，有着一定的艺术内涵，应反映时代精神面貌，体现特定的历史时期的文化积淀。景观小品是立体的空间艺术塑造，要科学地应用现代材料、色彩等诸多因素，塑造具有艺术特色和艺术个性的景观小品。

2. 和谐设计方面

景观环境中各元素应该相互照应，相互协调。每一种元素都应与环境相融。景观小品是环境综合设计的补充和点睛之笔，和谐设计十分必要。在设计中要注意以下四点要求：

（1）具有地方性色彩

地方性色彩是指要符合当地的气候条件、地形地貌、民俗风情等因素的表达方式，而景观小品正是体现这些因素的表达方式之一。因此，合理地运用景观小品是景观设计中体现城市文化内涵的重点。

（2）考虑社会性需要

在现代社会中，优美的城市环境和优秀的景观小品具有很重要的社会效益。在设计时，要充分考虑社会的需要、城市的特点及市民的需求，以便实现景观小品的社会价值。

（3）注重生态环境的保护

景观小品一般多与水体、植物、山石等景观元素共同造景，在体现景观小品自身功能外，不能破坏其周围的其他环境，使自然生态环境与社会生态环境得到最大的和谐改善。

（4）具有良好的景观性效果

景观小品的景观性包括两个方面：一方面是景观小品的造型、色彩等形成的个性装饰性；另一方面是景观小品与环境中其他元素共同形成的景观功能性。各种景观因素相互协调，搭配得体，互相衬托，才能使景观小品在景观环境中成为良好的设计因素。

3. 以人为本设计方面

园林小品作为环境景观中的重要因素，应以人为本，充分考虑使用者、观赏者及各个层面的需要，时刻想着大众，处处为大众服务。

（1）满足人们的行为需求

人是环境的主体，园林小品的服务对象是人，所以，人的行为、习惯、性格、爱好等各种状态是园林小品设计的重要参考依据。尤其是公共设施的艺术设计，要以人为本，满足各种人群的需求，尤其是残障人士的需求，体现人文关怀。园林小品设计时还要考虑人的尺度，如座椅的高度、花坛的高度等。只有对这些因素有充分了解，才能设计出真正符合人类需要的园林小品。

（2）满足人们的心理需求

园林小品的设计要考虑人类心理需求的空间，如私密性、舒适性等，比如，座椅的布置方式会对人的行为产生怎样的影响、供几个人坐较为合适等。这些问题涉及对人们心理的考虑和适应。

（3）满足人们的审美要求

园林小品的设计首先应有较高的视觉美感，必须符合美学原理和人们的审美需求。要对其整体形态和局部形态、比例和造型、材料和色彩的美感进行合理设计，从而形成内容健康、形式完美的园林景观小品。

（4）满足人们的文化认同感

一个成功的园林小品不仅要具有艺术性，而且还应有深厚的文化内涵。通过园林小品可以反映它所处的时代精神面貌，体现特定的城市、特定历史时期的文化传统积淀。所以，园林小品的设计要尽量满足文化的认同，使园林景观小品真正成为反映历史文化的媒体。园林小品设计与周围的环境和人的关系是多方面的。通俗一点说，如果把环境和人比喻为汤，那园林小品就是汤中之盐。所以，园林小品的设计是功能、技术与艺术相结合的产物，要符合适用、坚固、经济、美观的要求。

（四）园林小品的创作要求

园林小品的创作要满足以下几点要求：立其意趣，根据自然景观和人文风情，构思景点中的小品；合其体宜，选择合理的位置和布局，做到巧而得体，精而合宜；取其特色，充分反映建筑小品的特色，把它巧妙地融在园林造型之中；顺其自然，不破坏原有风貌，做到得景随形；求其因借，通过对自然景物形象的取舍，使造型简练的小品获得景象丰满充实的效应；饰其空间，充分利用建筑小品的灵活性、多样性以丰富园林空间；巧其点缀，把需要突出表现的景物强化出来，把影响景物的角落巧妙地转化成为游赏的对象；寻其对比，把两种明显差异的素材巧妙地结合起来，相互烘托，凸显双方的特点。

二、园林小品的分类

（一）单一装饰类园林小品

装饰类园林小品作为一种艺术现象，是人类社会文明的产物。它的装饰性不仅表现在形式语言上，更表现了社会的艺术内涵，也就是人们对于装饰性园林艺术概念的理解和表现。

1. 单一装饰类园林小品的设计要点

（1）特征

作为空间外环境装饰的一部分，装饰类园林小品具有精美、灵活和多样化的特点，凭借自身的艺术造型，结合人们的审美意识，能激发一种美的情趣。装饰类园林小品设计着重考虑其艺术造型和空间组合上的美感要求，使其新颖独特，千姿百态，具有很强的吸引力和装饰性能。

（2）设计要素

①立意。

装饰类园林小品艺术化是外在的表现，立意则是内在的，使其有较高的艺术境界，寓情于景，情景交融。意境的塑造离不开小品设计的色彩、质地、造型等基本要素，通过这些要素的结合才能表达出一定的意境，营造某种环境氛围。同时还可以利用人的感官特征来表达某种意境，如通过小品中水流冲击材质的特殊声音来营造一定的自然情趣，或通过植物的自然芳香、季节转变带来的色彩变化营造生命的感悟等。这些在利用人的听觉、嗅觉、触觉、视觉的感悟中，营造的气氛更能给人以深刻的印象，如日本的某些小品就是利用这些要素来给环境塑造禅宗意境的。

②形象设计。

色彩：色彩具有鲜明的个性，有冷暖、浓淡之分，对颜色的联想及其象征作用可给人不同的感受。暖色调热烈，让人兴奋，冷色调优雅、明快；明朗的色调使人轻松愉快，灰暗的色调更为沉稳宁静。园林小品色彩处理得当，会使园林空间有很强的艺术表现力。如在休息、私密的区域需要稳重、自然、随和的色彩，与环境相协调，容易给人自然、宁静、亲切的感受；以娱乐、休闲、商业为主的场地则可以选用色彩鲜明、醒目、欢快，容易让人感到兴奋的颜色。

质地：现代小品的质地随着技术的提高，选择的范围越来越广，形式也越来越多样化。小品的质地可分为以下几类：

a. 人工材料。包括塑料、不锈钢、混凝土、陶瓷、铸铁等。这些人工材料可塑性强，便于加工，制造效率高，并且色彩丰富，基本可以适应各种设计环境的要求。

b. 天然材料。例如，木材的触感、质感好，热传导差，基本不受温度变化的影响，易于加工，但保存性、耐抗性差，容易损坏。而石材质地坚硬，触感冰凉，夏热冬凉，不宜加工，但耐久性强。天然材料纯朴、自然，可以塑造如地方特色、风土人情风格化的小品。

c. 人工材料与天然材料结合。将人工材料和天然材料结合使用，特别是在植物造景上，别具一格。木材与混凝土、木材与铸铁等组合材料，多可以表达特殊的寓意，用材料的对比加强个性化、艺术思想的表达，另外在使用上可以互补两种材料的缺陷，综合两种材料的优点。

造型：装饰类园体小品的造型更强调艺术装饰性，这类小品的造型设计很难用一定标准来规范，但仍然有一定的设计线索可以追寻，一般的艺术造型有具象和抽象两种基本形式，无论是平面化表达还是立面效果都是如此。无论是雕塑、构筑物还是植物都可以通过点、线、面和体的统一造型设计创造其独特的艺术装饰效果，同时造型的设计不能脱离意境的传达，要与周围的环境统一考虑，塑造合理的外部艺术场景。

③与环境的关系。

装饰小品要与周围的环境相融合，可以体现地区特征，在场景中更具自身特点。在相应的地方安排布置小品，布局也要与场景关系相呼应，如在城市节点、边界、标志、功能区域内、道路等场地合理安排。例如，我国传统园林中的亭子，因地制宜，巧妙地配置山石、水景、植物等，使其构成各具特色的空间。要考虑的环境因素有：

气候、地理因素：

根据气候、地理位置不同所选择设计的小品也有所差异，如材料的选取，遵循就地取材和耐用的原则，部分城市出现了远距离输送材料的现象，既不经济，材料又容易遭到不适宜的气候的破坏。这种做法不宜提倡。地区气候特征不同，色彩使用也有明显差异，如阴雨连绵的地区，多采用色彩鲜明、易于分辨的、醒目的颜色，而干旱少雨的地区则使用接近自然、清爽的颜色，运用不易吸收太阳热能的材料，防止使人有眩晕、闷热的感觉。

文化背景：

以历史文脉为背景，提取素材可以营造浓郁的文化场景。小品的设计可以历史、传说、地方习俗等为组成元素，塑造具有浓郁文化背景的作品。

2. 类别

（1）园林建筑小品

这类建筑小品大多形式多样，奇妙而独特，具有很强的艺术性和观赏性，同时也具备一定的使用功能，在园林中可谓是"风景的观赏，观赏的风景"。对园林景观的创造起着重要作用。比如，点缀风景、作为观赏景观、围合划分空间、组织游览路线等。包括入口、景门及景墙、花架、大体量构筑物等。

（2）园林植物小品

植物小品要突出植物的自身特点，起到美化装点环境的作用，它与一般的城市绿化植物不同。园林植物小品具有特定的设计内涵，经过一定的修剪、布置后赋予了场景一定的功能。植物是构园要素中唯一具有生命的，一年四季均能呈现出各种亮丽的色彩，表现出各种不同的形态，展现出无穷的艺术美。

设计可以用植物的色、香、形态作为造景主题，创造出生机盎然的画面，也可利用植物的不同特性和配置塑造具有不同情感的植物空间，如热烈欢快、淡雅宁静、简洁明快、轻松悠闲、疏朗开敞的意境空间。因此，设计时应从不同园林植物特有的观赏性去考虑园林植物的配置，以便创造优美的风景。

园林植物小品的设计要注意以下两方面：一方面是各种植物相互之间的配置，考虑植物种类的选择，树丛的组合，平面和立面的构图、色彩、季相以及园林意境；另一方面是园林植物与其他园林要素如山石、水体、建筑、园路等相互之间的配置。

①植物单体人工造型。

通过人工剪切、编扎、修剪等手法，塑造手工制作痕迹明显、具有艺术性的植物单体小品。这类小品具有较强的观赏性。

②植物与其他装饰元素相结合的造型。

如与雕塑结合；与亭廊、花架结合；与建筑（墙体、窗户、门）结合。

③植物具有功能性造型。

如具有围墙、大门、窗、亭、儿童游戏、阶梯、围合或界定空间等功能性形式。

（3）园林雕塑小品

园林雕塑小品是环境装饰艺术的重要构成要素之一，是历史文化的瑰宝，也是现代城市文明的重要标志。不论是城市广场、街头游园，还是公共建筑内外，都设置有形象生动、寓意深刻的雕塑。

装饰性景观雕塑是现在使用最为广泛的雕塑类型，在环境中虽不一定要表达鲜明的思想，但具有极强的装饰性和观赏性。雕塑作为环境景观主要的组成要素，非常强调环境的视觉美感。

雕塑小品是环境中最常用也是运用最多的小品形式。随着环境景观类型的丰富，雕塑的类型也越来越多，无论是形态、功能、材料、色彩都更灵活多样。主要可以分为以下四种类型：

①主题性、纪念性雕塑。

通过雕塑在特定环境中提示某个或某些主题。主题性景观雕塑与环境的有机结合，可以弥补一般环境无法或不易具体表达某些思想的特点；或以雕塑的形式来纪念人与事，它在景观中处于中心或主导地位，起着控制和统帅全局的作用。形式可大可小，并无限制。

②传统风格雕塑。

历来习惯使用的雕塑风格，沿袭传统固定的雕塑模式，有一定传统思想的渗入，特别是传统封建习俗中的人物或神兽等，多使用在建筑楼前。有的雕塑成为不可缺少的场地标志，如银行、商场前的石雕。

③体现时代特征的雕塑。

雕塑融合现代艺术元素，体现前卫、现代化气息，多色彩艳丽、造型独特、不拘一格或生动幽默、寓意丰富。

④具风土民情的雕塑。

传统、民族、地方特色的小品，以现代艺术形式为表达途径映射民族风情、地方文化。

（二）综合类园林小品

综合类园林小品是由多种设计元素组合而成的，在景观上形成相互呼应、统一的"亲缘关系"，在造型上内容丰富、功能多样，所处场景协调而具有内聚力。

1. 设计要点

（1）特征

综合类园林小品是利用小品的各种性能特征，综合起来形成复合性能更为突出、装饰效果更强大的一个小品类型。可以根据环境需要，将本是传统中的几种小品才能表达的装饰效果融于一体，使场景空间更具内聚力，同时增强小品的自身价值。综合类小品是现代景观发展中新兴的一类"小品家族"，这类小品甚至还结合了公共设施的使用需求，具有装饰和使用的多重性能。小品设计综合了艺术、科技、人性化等多种设计手法，体现着人类的智慧结晶。

（2）设计要素

①立意。

小品设计的形式出现在人文生活环境之中，具有艺术审美价值，也是意识形态的表现，并在一定程度上成为再现和进一步提升人类艺术观念、意识和情感的重要手段；同时，它与环境的结合更为密切，要求根据环境的特征和场景需要来设计小品的形态，体现小品各种恰到好处的复合性能。因此，该类小品的立意要与场景、主题一致。

②形象设计。

造型上风格要求统一，在结构形式、色彩、材料及工艺手段等方面要与环境融合得当，具备一定的功能，体现场所的思想，有空间围合感，又与周围其他环境有所区别。综合类小品在形象设计风格上会受到不同程度的制约，必须在形式语言的多样化和合理性角度分析其存在的艺术价值，不同的形象设计可以塑造不同的场景特征。

③与环境的关系。

综合类小品的具体表现形式受不同区域的建筑主体环境，以及景观环境的影响及制约，譬如，在某一特定的建筑主体环境、街道、社区和广场中，综合类小品必须在与这些特定功能环境相适应的基础上，巧妙处理各种制约因素，发挥综合性能，使之与环境功能互为补充，提升存在的价值。综合类小品根据场地的性质变化，如场地的面积、空间大小、类型决定相应的组合关系，主要包括聚合、分散、对位等布置形式。

2. 类别

综合类园林小品的设计最能体现设计者的智慧，同时可以弥补场景功能、性质的局限性。例如，在生硬的环境隔离墙上绘制与环境功能及风格协调的图案，不仅能保持其划分空间功能的特点，更能使其成为一件亮丽的景观小品。

（1）装饰与功能的重合

小品本身的性质已经模糊，特别是在人的参与下，装饰与功能重合，既具备服务于场地的功能性，同时又是不可忽视的展现场地独特个性、装点环境的艺术品。

（2）多种装饰类复合小品

多种装饰类复合小品是针对装饰性能的多重性而言的，包括采用多种装饰材料、装饰手法等组合，各种装饰性能融于一体，独立形成的小品类型。

例如，构筑物中的廊架与水体、植物复合；山石与植物的复合；植物与雕塑的复合等。这些元素共同组合成多种装饰类复合小品，以强化场景的装饰性能，使其更生动、更形象地表达场景的特征。

小品在以装饰为主要功能的前提下，同时具有多功能性，具体表现在性能的复合上，在同一空间中小品造型丰富程度的提高导致场所具有多种功能特征。这类小品的出现往往与城市公共设施相结合，除了具有装饰效果外，同样具备公共设施的功能特征，是现在小品发展的一个趋势。

（三）创新类园林小品

创新类园林小品是在现今已经成熟的小品类型的基础上延伸出的时代产物，是伴随科学技术、社会精神文明的进步、人性化的发展而在城市环境景观中形成的一批具有独特魅力、全新功能和具有浓郁时代气息的小品。这类小品会随时代的演变、社会的接纳程度而退化或转化为成熟的小品类型，具有追赶时代潮流的不稳定性。

1. 设计要点

（1）特征

创新小品是体现时代思想、潮流的一类新型小品，多通过小品传达新时代的科技、艺术、环保、生态等信息。创新类园林小品的个性化是建立在充分尊重建筑及景观环境的整体特征基础之上的。

（2）设计要点

受限制因素少，更多的是利用新科技、新思想、新动向来服务大众，或是以吸引大众的注意力为目的，甚至是为了表达某种思想而划定特定的区域来设计并集中安排此类小品。

①立意。

设计立意要从大局观念入手，从整体景观理念塑造的高度去把握自身的独特性。此类小品多体现新潮思想，涵盖一定现代艺术、科技的成分。

此类小品融合了新思想、新技术，设计要求功能更为人性化，全面体现各方面可能存在的使用需求，突破传统观念的局限性，能打造更为合理的小品形式。

②形象设计。

这类小品常常具有强烈的色彩、夸张的造型特征。现代材料的应用，丰富的艺术内涵，独特的形象塑造，使得这类小品除了具有个性之外，还要求自身具有公共性。

③与环境的关系。

创新类园林小品的特殊性与艺术性无疑是与建筑，以及景观环境的功能和风格等因素分不开的。设计要求特定的小品形式对特定环境区域的整体设计能产生积极的推动作用。

2. 类别

（1）生态型

生态型小品的设计遵循改良环境、节约能源、就地取材、尊重自然地形、充分利用气候优势等原则，采取各种途径，尽可能地增加绿色空间。

目前，生态型小品的设计，在国外有很好的发展趋势，特别是德国，通过利用废弃的材料更新加工利用，甚至直接利用废弃物来设计小品。例如，在废弃工厂兴建的公园，就直接将废弃铁轨、碎砖石等组合加工成造型独特新颖的小品，这不但不影响景观，还赋予公园自身的个性，同时保留了该场地的部分记忆，小品也成为生态设计的一种设计元素出现在公园当中。

（2）新艺术形态

小品作为一些艺术家的艺术思想、艺术形态在外空间的表达，无形中形成了环境景观的构成要素，成为环境中亮丽的奇葩，在园林景观中成了珍贵的不可多得的部分，起到不可忽视的作用。即使在面对一个相对简单的材料时，也同样可以利用艺术的手法变化使其内容形式丰富起来。新艺术形态小品的出现，是一种思想的塑造、一种境界的营造或一种艺术概念的表达，具有时间和空间的特性。

（3）科技、科普型

科技、科普型充分体现智能化、人性化的思想，将新技术、新工艺融合到了小品设施中，达到最人性化的设计原则。将科技手法运用到小品中，除了体现科技进步外，更多的是提高小品的人性化，如方便残疾人使用的电子导向器；在广场中的小品设施里设置能量转换器，将太阳能转换成热能，为冬天露天使用场地的人们提供取暖设施。

三、园林建筑小品概述

园林建筑小品是指园林中体量小巧、功能简单、造型别致、富有情趣、选址恰当的精美构筑物。园林建筑小品，一般都具有简单的实用功能，又具有装饰性的造型艺术特点。

由于体量较小，一般不具有可供游人入内的内部空间。它既有园林建筑技术的要求，又含有造型艺术和空间组合上的美感要求。因此，在园林中既可作为实用设施，又可作为点缀风景的艺术装饰小品。

（一）园林建筑小品的作用

在园林造景中建筑小品作为园林空间的点缀，虽小，倘能匠心独运，辄有点睛之妙；作为园林建筑的配件，虽从属而能巧为烘托，可谓小而不贱，从而不卑，与园林整体相得益彰。所以，园林建筑小品的设计及处理，只要剪裁得体，配置得宜，必将构成一幅幅优美动人的园林景致，充分发挥为园景增添景致的作用。园林建筑小品在园林中的作用大致包括以下三个方面：

1. 组景

园林建筑在园林空间中，除具有使用功能要求外，一方面是被观赏的对象；另一方面又是人们观赏景色的场所。因此，设计中常常使用建筑小品把外界的景色组织起来，使园林意境更为生动，画面更富诗情画意。例如，苏州留园揖峰轩的六角景窗，翠竹枝叶看似很普通，但由于用工巧妙，成为一幅意趣盎然的图画，远观近赏，都发人幽思。在古典园林中，为了创造空间层次和富于变幻的效果，常常借助建筑小品的设置与铺排，一堵围墙或一挂门洞都要予以精心的塑造。

2. 观赏

园林建筑小品，尤其是那些独立性较强的建筑要素，如果处理得好，其自身往往就是造园的一景。杭州西湖的三潭印月就是一种以传统的水庭石灯的小品形式"漂浮"于水面，使月夜景色更为迷人。成都锦水苑的茶室景窗，以热带鱼的优美形象为装饰主题，用铜板、扁钢、圆钢的恰当组合，取得了轻盈活泼的效果，给人以美的享受。由此可见，运用小品的装饰性能够提高园林建筑的鉴赏价值，满足人们的观赏要求。

3. 渲染气氛

园林建筑小品除具有组景、观景作用外，常常把那些功能作用较明显的桌椅、地坪、踏步、桥岸，以及灯具和牌匾等予以艺术化、景致化，以便渲染周围的气氛，增强空间的感染力。一组休息坐凳，虽可采用成品，但为了取得某些艺术趣味，不妨做成富有一定艺术情趣的形式，如果处理得当，会给人留下深刻的印象。如桂林芦笛岩水榭的小鸭座椅，与环境巧妙结合，使人很自然地想到野鸭嬉水的情景，起到了渲染气氛的作用。其次，庭园中的花木栽培为使其更加艺术化，可以在墙上嵌置花斗，可以构筑大型花盆并处理成盆景的造型，也可以选择成品花盆并将其放在花盆的台架上，再施以形式上的加工。比如，可以在水泥塑制的树木枝干中，错落搁置花盆，使平常的陶土花盆变成了艺术小品，十分生动有趣。园林建筑中的桌凳可以用天然树桩做素材，以水泥塑制的仿树桩桌凳会比用钢筋混凝土造的一般形式的桌凳更能增添园林气氛。同样，仿木桩的桩岸、蹬道、桥板都会取得上述既自然又美观的造园效果。

（二）园林建筑小品的设计原则

1. 巧于立意

园林建筑小品对人们的感染力，不仅在于形式的美，更重要的在于有深刻的含意，要表达出一定的意境和情趣，这样才能成为耐人寻味的佳品。园林建筑小品作为局部主体景物具有相对独立的意境，更应具有一定的思想内涵，这样才能具有感染力。因此，设计时应巧于构思。

2. 独具特色

园林建筑小品具有浓厚的工艺美术特点，应突出地方特色、园林环境特色及单体的工艺特色，使之具有独特的格调，切忌生搬硬套和雷同。如玉兰灯具，最初在北京人民大会堂运用，具有堂皇华丽、典雅大方之风，适得其所。但二十世纪六七十年代期间，不论在北方还是南方，举目所至，皆是玉兰灯，不分场合，到处滥用，使其失去了原有的特色。与此相反，在广州某园草地一侧，花竹之畔，设一水罐形的灯具，造型简洁，色彩鲜明，灯具紧靠地面，与花卉绿草融为一体，独具环境特色，耐人寻味。

3. 将人工融于自然

我国园林追求自然，但不乏人工，而且精于人工。"虽由人作，宛自天开"就是最精辟的理论。园林建筑小品同样须遵循这一原则。作为装饰小品，人工雕琢之处是难以避免的，因制作过程常是人工的工艺过程。而将人工与自然融为一体，则是设计者的匠心之处。如常见的在自然风景中、在古木巨树之下，设以自然山石修筑成的山石桌椅，体现出自然之趣。近年来，在广州园林中，常见在老榕树之下，塑以树根造型的圆凳，似在一片树木之下，自然形成的断根树桩，远看可以达到以假乱真的程度，极其自然。

4. 精于体宜

精于体宜是园林空间与景物之间最基本的体量构图原则。园林建筑小品作为园林的陪衬，一般在体量上力求精巧，不可喧宾夺主，不可失去分寸。在不同大小的园林空间之中，应有相应的体量要求与尺度要求，如园林灯具，在大的集散广场中，设巨型灯具，有明灯高照之效果；而在小庭院、小林荫曲径之旁，只宜用小型园灯，不但体量要小，而且造型更应精致，诸如喷泉的大小、花台的体量等，均应根据其所处空间的大小，确定相应的体量。

5. 符合使用功能及技术要求

园林建筑小品绝大多数均有实用意义，因此，除艺术造型美观上的要求外，还应符合实用功能及技术的要求。如园林中的栏杆具有各种不同的使用目的，因此，对各种栏杆的高度，就有不同的要求；又如园林坐凳，就要符合游人就座休息的尺度要求；再如作为园林界限，园墙就应从围护角度来确定其高度及其他技术上的要求。

当然，园林建筑小品设计，要考虑的问题是多方面的，而且具有更大的灵活性。因此，不能局限于上述几条原则，而是应举一反三和融会贯通。

第七章
现代园林景观中的绿地设计

第一节　园林绿地规划设计

一、城市绿地系统规划理论

（一）城市绿地系统的概念

我国学者对城市绿地系统的定义也进行了深入研究。

《园林术语标准》中的定义：城市绿地系统是由城市中各种类型和规模的绿化用地组成的整体。

《中国大百科全书》（建筑、园林、城市规划分册）中的定义：城市绿地系统是"城市中由各种类型、各种规模的园林绿地组成的生态系统，用以改善城市环境，为城市居民提供游憩境域"。

城市规划中的定义：城市绿地系统泛指城市区域内一切人工或自然的植物群体、水体及具有绿色潜能的空间；是由相互作用的具有一定数量和质量的各类绿地所组成的，并具有生态效益、社会效益和相应经济效益的有机整体。它是构成城市系统内唯一执行"纳污吐新"负反馈调节机制的子系统，是优化城市环境、保证系统整体稳定性的必要成分，同时它又是从属于更大的城市系统的组成部分（城市系统则是由自然环境系统、农业系统、工业系统、商业系统、交通运输系统和社会系统所组成的巨系统），城市绿地系统从属于其中的自然环境系统。

城市未建设之前的大地生态实际上是一个生态学本底，城市的建设相当于在这个本底中嵌入一个人为的干扰斑块，而城市的绿地系统，则相当于自然生态的残余斑块或引入斑块。其中，残余斑块指从自然生态中保存下来的，基本没有经过人工干扰的自然（绿地）

部分；引入斑块指从自然生态保存下来，但经过了人工改造的，或者完全是新设的绿地和人工生态部分。这两类斑块由于生态属性不同，对城市产生的生态效益也各异。

从风景园林学角度出发，称其为城市（风景）园林绿地系统，界定为在一定规划范围内，由各种类型的风景、园林、绿地组成的有机整体。李敏提出了城市生态绿地系统的概念，即是人居环境中发挥生态平衡功能、与人类生活密切相关的绿色空间，是由较多人工活动参与培育和经营的，有社会效益、经济效益和环境效益产出的各类绿地（含部分水域）的集合。

城市绿地系统泛指城市区域内一切人工或自然的植物群体、水体及具有绿色潜能的空间，它由相互作用的具有一定数量和质量的各类绿地组成，具有重要的生态、社会和经济效益。

从景观规划和城市设计的角度，所有在城市内及其周边地区能提供市民接触自然的场所均属此类。如此便赋予了城市绿地系统以空间内涵。

（二）城市绿地系统的分类

目前，世界各国尚没有统一的城市绿地分类方法。

我国的绿地分类方法主要有：

4 类法：即公园绿地、一般绿地（或附属绿地、环境绿地）、特种绿地（包括生产性与防护性绿地）、郊区绿地等 4 类；

5 类法，即将城市化地区人居环境绿地分为农业绿地、林业绿地、游憩绿地、环保绿地和水域绿地 5 类；

两级 7 类分类法，即将城市绿地分为园林绿地（公园绿地、防护绿地、风景名胜与自然保护区绿地、庭院绿地、交通绿地）和农、林业生产绿地（农地、林地）；

9 分法更符合当今城市建设的内容，此分类方法与城市用地的分类标准相对应；我国颁布的 CJJ/T85-2002《城市绿地分类标准》将城市绿地分为 5 大类 16 中类和 9 个小类。

二、城市规划中的绿地系统规划

城市绿地系统规划在很大程度上反映了一个城市的发展水平，当前，我国各个地区的城市绿地系统规划虽然取得了一些成就，但是随着现代化城市进程的加快，传统的绿地系统规划方法已经难以满足城市的发展需求。结合当前城市绿地系统规划存在的问题，应从全局角度出发，统筹规划，协调发展，加大对绿地系统规划的研究力度，为人们创造一个健康、舒适、美好的城市环境。

（一）城市绿地系统的生态功能

1. 调节小气候，减小热岛效应

城市建设生态绿色走廊，在城市局部区域打开一个通风口，让郊区的风吹向主城区，增加城市的空气流动性，净化城市空气，夏天还可以缓解热岛效应。在城市绿地系统里布置一定量的水系，可对城市空气的温度、湿度产生影响，对调节城市小气候起到积极作用。

2. 净化空气

大量的植物可以调节氧气和二氧化碳的平衡，提高城市空气的含氧量。

3. 净化水质

植物可以吸附、过滤、沉淀细菌及悬浮颗粒，从而吸收水中的溶解质，减少水中含菌量。水生植物所建立的水下生态系统，能去除水中氮、磷和悬浮颗粒，吸收重金属。在城市规划中规划生态绿带和湿地，能对城市水体能起到净化作用，恢复生态系统，取得人与自然的和谐，使得城市更为宜居。应用实例：德国慕尼黑通过在河道两边种植大量绿植并设置防护带，既改善了河流水质，又改善了河道景观。

4. 城市绿地能补充城市地下水

在绿地系统规划过程中充分运用海绵城市的理念。海绵城市的排水理念是将雨水截流，让水缓慢渗透，并利用湿地、公园、绿地的集蓄功能对雨水进行分流处理，将雨水进行净化之后，在旱季排出使用，以减少城市地表水的径流量。下沉式绿地是海绵城市的重要应用，由于下沉式绿地高程较低，硬化地面上的雨水会逐渐流向绿地，在绿地上汇聚，绿地上的植物、土壤会截流和净化雨水，无法容蓄的雨水会排入雨水管网，成为地下水的补充。

（二）城市绿地系统的社会功能

城市绿地主要有以下社会功能：美化环境，调节心理。城市绿地能美化城市景观，给人带来心灵的愉悦。同时，人在绿地中的活动交往能舒缓心情，减轻压力。城市绿地赋予的历史及文化内涵，也能给人带来民族认同感及宣扬正面历史文化，同时为城市增添文化个性，提升城市的整体形象。

户外活动，体育健身。我国文体设施热衷投入大场馆，重形象，大型体育场馆对群众开放性不强，利用率过低。户外文体设施结合开放绿地，能最大限度地方便群众运动及户外休憩活动，使得基础文化体育设施普惠大众，为我国体育健身事业打下坚实的群众基础。

防震减灾，城市防灾绿地规划，应当在绿化带建设的基础上，完善连接大公园、河流、农田等开敞空间的避难网络系统，着重规划好城市滨水地区的减灾绿带和市区中的一、二级避灾据点与避难通道，建立城市的避灾体系。台湾针对频发地震的状况，制订都市防灾计划，在都市计划防灾空间六大系统中，公园是重要的避难空间和物资空间。可见绿地系统在城市防震减灾中具有重要的作用。

防洪排涝。城市绿地可以在城市的防护和排涝中起到重要作用。防洪主要体现在防护绿地上，排涝主要在于下沉式绿地和增加城市地面的透水性。其主要应用在于是采用雨水花园技术，并将绿地系统与防洪体系有机结合而建设的绿色基础设施，可削弱城市洪涝致灾因子，为解决城市内涝、重建城市基底涵水功能提供了新的绿色突破口。城市绿地防洪排涝体系可减少暴雨径流 30%～99%，并使暴雨径流峰值延迟 5～20 分钟，为市民紧急避难争取更多时间，也能减轻市政排水管网的压力。这是一种生态可持续的雨洪控制与雨水利用设施，也是一项多目标的综合性技术。在城市绿地系统规划过程中，为城市绿地系统赋予蓄水、渗透功能。应在绿地系统标高、地面材料的选择上有意识地考虑蓄水渗水功能。应用实例：西班牙利用下沉式公园，达到对城市内涝的调节作用。

（三）城市规划中绿地系统规划中存在的问题

1. 绿地系统隶属关系复杂

城市规划区的绿地系统隶属关系比较复杂，林业部门、农业部门、市政部门都有管理权，并且绿地系统的利用类型具有多样化的特点，使得城市绿地系统规划设计的利、权、责划分不明确，各部门之间缺乏协调和配合。

2. 缺乏健全的绿地规划体系

城市规划区中的绿地系统规划管理水平较低，缺乏健全的绿地系统规划体系，没有形成规范、统一的绿地规划管理流程，没有体现出城市绿地系统规划的延续性，作为城市自然生态系统的一个重要子系统，在完善、延续、补充等方面没有取得突出效果。

3. 绿地系统规划不合理

当前，很多城市盲目进行绿地系统规划，特别是乡镇企业、工厂搬迁占据了大量的耕地和农田，使得绿地面积越来越少。在规划设计过程中，一些设计人员没有结合城市周围环境的实际情况，一味追求绿地系统规划的多样性和外观形式，忽视了自然绿地保护，使得城市绿地系统无序蔓延。

（四）城市绿地系统规划的设计原则

1. 以人为本

市民是城市生活的主体，城市规划区的绿地系统规划应坚持以人为本的设计原则，充分了解市民对城市环境的要求和需求，合理划分绿地系统，实现人与大自然的和谐相处。

2. 因地制宜

我国幅员辽阔，各个地区的气候特点、水文条件存在明显差异，城市绿地系统规划不能生搬硬套，应深入分析不同城市自身的特点和独特的文化内涵，了解城市发展的趋势，因地制宜，采取科学合理的规划设计方案，做好绿地系统规划的分析和预测，推动城市绿地系统的可持续发展。

3. 协调性

城市绿地系统是现代化城市自然生态系统的重要组成部分，其规划设计应符合现代化城市发展的要求，突出绿地系统的作用、关系和地位，实现绿地系统和城市各项基础设施的相互融合，体现城市发展的协调性和连续性，实现城市绿地系统最大化的环境效益和社会效益。

（五）城市规划区中绿地系统的规划层次

1. 市域绿地系统

城市区域绿地系统应以保护绿化环境为基础，积极开发各种具有休闲、旅游等功能的绿地系统，组成市域范围内的绿化防护和游憩体系，改善城市远郊区的自然生态环境。

2. 城市规划区绿地系统

城市规划区绿地系统规划应符合城市整体规划要求，合理划分城市绿化系统和建设用地，将绿地空间布局和现代化城市发展布局有效结合起来，组成良好的城市绿化生态屏障。为城市建设区域中的人们提供游憩、生态的功能，推动城市近郊区的绿地系统规划，实现农村经济和现代化城市建设的协调发展，在市域绿地系统和城市建设用地之间形成良好的衔接和过渡。

3. 城市建设用地绿化系统

城市建设用地绿化系统规划应符合城市空间布局，重点解决城市绿化特色、绿地指标、用地性质、绿地规划范围等问题，改善城市自然环境和景观环境，设计城市外围和内部空间之间的绿地系统，满足市民接近大自然的心理需求。

（六）城市规划区中的绿地系统规划策略

1. 转变规划观念

首先，城市绿地系统规划应充分体现以人为本的设计理念，从公众的根本利益出发，合理进行规划设计；其次，城市的演变和发展、自然生态观对于自然环境和城市建设之间的关系有着重要影响，而且关系着现代化城市的空间布局，在实际规划设计中，应突出自然环境和城市绿地系统空间布局的协调性和适应性，实现自然环境和城市的共生；最后，最大限度地保护自然环境，不仅要保护自然资源，还应注意保护城市的文化资源，特别是城市的历史文化。

2. 体现综合性

随着城市的不断发展，绿地系统规划要求也逐渐提高，传统的城市绿地规划主要考虑增加城市绿化面积，没有全面考虑城市绿地规划的整体布局。绿地是城市土地系统的重要组成部分，在规划设计过程中，应全面考虑、多角度分析，从城市整体角度出发，研究绿地系统规划。绿地系统规划是一种重要的土地利用方式，具有景观性、人文性和生态性的特点。城市绿地系统的类型有景观型、游憩型和生态型，在规划设计绿地系统时，应突破传统的布局限制，满足现代化城市可持续发展的要求，实现社会、人文和自然的快速发展。

3. 体现互动性和前瞻性

城市规划区的绿地系统规划应符合现代化城市的发展趋势，全面掌握城市整体发展规律和特点，体现互动性和前瞻性，实现城市发展和绿地系统规划的和谐统一，推动现代化城市进程。城市绿地系统规划不能仅考虑眼前，应具有前瞻性，以发展、动态的眼光来规划和设计绿地系统，推动现代化城市可持续发展。

4. 体现特色

自然环境和人文环境是现代化城市建设的重要资源，为了实现现代化城市的可持续发展，在进行绿地系统规划时，应全面考虑城市的人文特点和自然环境，合理设计，分析城市发展的实际需求，体现特色性，在绿地系统规划的实践过程中，不断进行完善和调整。城市规划区中的绿地系统规划应全面考虑多方面因素，邀请专业的设计人员和规划设计领域的专家进行探索和研究，合理进行规划设计。

5. 明确城市规划和绿地系统规划之间的关系

城市绿地系统规划是现代化城市规划建设的关键内容，应以城市整体规划为基础，构建规范的绿地系统规划体系，充分认识到绿地系统规划对于城市发展的重要性，基于城市总体规划的指导作用，积极采用战略型规划设计方法和技术型规划设计方法，在绿地系统规划实践过程中，运用现代化科学技术手段。例如，开发绿地系统信息管理平台，全面收集城市发展趋势、规划设计要求、绿地系统规划面积、周围自然环境条件等内容，基于该信息管理平台，了解城市绿地系统规划的现状，针对当前系统规划中存在的问题，采取科学合理的规划设计方法，改善城市的自然生态环境。

6. 绿地系统的立体化、均匀化和小型化规划设计

随着可持续理念的深入，人们的环保意识明显提高。在现代化城市，人口数量大幅增涨，在有限的城市空间中，使绿地系统朝着均匀、小型、立体的方向发展，见缝插绿，合理设计小型绿化走廊，有利于增加城市绿化面积。

随着现代化城市的快速发展，城市规划区中的绿地系统规划也在不断变化。为了满足城市发展、市民的生理和心理需求，应坚持以人为本、因地制宜、协调性的设计原则，结合当前城市绿地系统规划中存在的问题，积极采取有效策略，统筹规划，从长远角度出发，合理设计，充分发挥绿地系统对于改善和优化城市环境的重要作用，实现城市建设和绿地系统规划的协调发展。

三、园林景观要素设计

（一）园林假山

假山是园林中以造景为目的，用土、石等材料构筑的山。

假山具有多方面的造景功能，如构成园林的主景或地形骨架，划分和组织园林空间，布置庭院、驳岸、护坡、挡土，设置自然式花台。还可以与园林建筑、园路、场地和园林植物组合成富于变化的景致，借以减少人工气氛，增添自然生趣，使园林建筑融会到山水环境中。因此，假山成为表现中国自然山水园林的特征之一。

1. 创作原则

（1）假山艺术的最根本原则

"有真为假，做假成真"。大自然的山水是假山创作的艺术源泉和依据。真山虽好，却难得经常游览。假山布置在住宅附近，作为艺术作品，比真山更为概括、更为精练，可寓

以人的思想感情，使之有"片山有致，寸石生情"的魅力。人为的假山又必须力求不露人工的痕迹，令人真假难辨。与中国传统的山水画一脉相承的假山，贵在似真非真，虽假犹真，耐人寻味。

（2）假山的主要理法

相地布局（即选择和结合环境条件确定山水的间架和山水形势），混假于真；宾主分明；兼顾三远；（宋代画家郭熙的《林泉高致》中说："山有三远。自山下而仰山巅谓之高远；自山前而窥山后谓之深远；自近山而望远山谓之平远。"）依皴合山。按照水脉和山石的自然皴纹，将零碎的山石材料堆砌成为有整体感和一定类型的假山，使之远观有"势"，近看有"质"和对比衬托，包括大小、曲直、收放、明晦、起伏、虚实、寂喧、幽旷、浓淡、向背、险夷等。在工程结构方面主要的技术是要求有稳固耐久的基础，递层而起，石间互咬，等分平衡，达到"其状可骇，万无一失"的效果。

2. 假山的造景功能

（1）假山能组织划分、分隔空间

利用假山的大型建筑物特性对园林空间进行分隔和划分，能将空间分成大小不同、形状各异、富于变化的各种空间形态。通过假山的穿插、分隔、夹拥、围合、聚汇，在假山区可以创造出山路的流动空间、山坳的闭合空间、山洞的拱穹空间、峡谷的纵深空间等各具特色的空间形式。假山还能够将游人的视线或视点引到高处或低处，创造仰视和俯视空间景象。

（2）假山能因地制宜、协调环境

园林假山能够提供的环境类型比平坦地形要多得多。在塑石假山区，不同坡度、不同坡向、不同光照条件、不同土质、不同通风条件的情况随处可寻，这就给不同生态习性的多种植物都提供了众多良好的生长环境条件，有利于提高假山区的生态质量和植物景观质量。

（3）塑石假山是造景小品、点缀风景

假山与石景景观是自然山地景观在园林中的艺术再现。在庭院中、园路边、广场上、水池边、墙角处，甚至在屋顶花园等多种环境中，假山和石景还能作为园林小品，用来点缀风景、增添情趣，起到造景与点景的作用。自然界的奇峰异石、悬崖峭壁、层峦叠嶂、深峡幽谷、泉石洞穴、海岛石礁等景观形象都可以通过塑石假山石景在园林中再现出来。

3. 种类

假山按材料可分为土山、石山和土石相间的山（土多称土山戴石，石多称石山戴土）。

按施工方式可分为筑山（版筑土山）、掇山（用山石掇合成山）、凿山（开凿自然岩石成山）和塑山（传统是用石灰浆塑成的，现代是用水泥、砖、钢丝网等塑成的假山，业内简称塑石假山）。按在园林中的位置和用途可分为园山、厅山、楼山、阁山、书房山、池山、室内山、壁山和兽山。假山的组合形态分为山体和水体。山体包括峰、峦、顶、岭、谷、壑、岗、壁、岩、岫、洞、坞、麓、台、磴道和栈道；水体包括泉、瀑、潭、溪、涧、池、矶和汀石等。山水宜结合为一体，才能相得益彰。

（二）园林池岸

一块绿地、一座公园的水体设计应服从总体要求，有一个统一的构思；池岸是自然或是规则，是隐是现，有无栏杆、小径，要视整体的地域位置、风格而定。一个园林内的不同区域，也可有不同的要求。

几种池岸的做法，也可相互配合使用。但要注意如何交接过渡。

池岸要考虑安全因素。一般近岸处水宜浅，面底坡缓。人流密集地方，如何防止落水，也须多费匠心。

根据水体使用功能的不同设计池岸，如观赏鱼、植荷莲、划舟艇、显倒影、喷水、游泳、溜冰等，也会使景观和水深浅、水波浪有差异。

建造材料既关及景观，也决定造价，应从经济、环保的角度多加考虑。

（三）园林水池

园林景观中的水池有多种，从园林中富有代表性的自然式池塘，到各种广场常用的见于倒映建筑物的几何形水池，还包括高尔夫球场中所见的美化景观用水池、养鱼池，儿童游乐场中的涉水池等。在设计水池时，应注意掌握好岸线、水面、地面三者间的衔接、联系。观赏、饲养锂鱼等的水池的设计，则应注意根据所饲养的品种、数量等决定水池的宽度与深度，达成平衡，并要在池边做安全处理，防止猫等小动物的侵扰。

设计涉水池应考虑安全问题，水深要降至 10～30cm 左右，池底应做防滑处理。娱乐休闲用游泳池的水深一般为 0.5～1.5m 左右，同时，为了安全，可将水深差保持在 20cm 以内，池底坡势相当于一般排水坡度。

1. 园林中的池塘

园林中的池塘，为了在长、宽上展示出宽阔，通常被设计成云线形，尽量使岸线曲折多变化。同时，在水流舒缓的凹地设置洲岛；在水流急促的地方安置景观石，在感觉上缩短与岸边的距离。或做草皮防护堤，增添变化。

与瀑布溪流一样，水池中除中心岛、小群岛、大块平石等主景石外，还有其他一些构成园林池塘的构图因素，如洲岛、石桥、汀步、踏步石等。

园林中的池塘，如果地下水位高于池底时，不需要进行池底处理，反之则需要进行池底的设计和处理。

2. 养鱼池

养鱼池的水深视所养鱼种而异，饲养金鱼为30cm左右，饲养鲤鱼为30~60cm深，如用于冬眠或过冬，水深应达到1m左右。水池的规模依所饲养的鱼的数量而定，应按以下标准设计：

饲养10条左右20cm长的鲫鱼，需水面约10m²。

饲养30条，需水面约20m²。

饲养10条左右30cm长的鲤鱼，需水面约20m²。

饲养10条左右45cm长的鲤鱼，需水面约40m²。

饲养观赏鲤鱼的鱼池，其水深至少应为1.2m；如可能，最好设计为1.5m。为防范动物的侵扰，池边地面与水面的高差应确保在15cm以上。水池的池壁与池底不要有凹凸，应保持平整，以免伤鱼。池壁与池底的颜色应做成黑色，用以衬托鲤鱼的鲜艳多姿。而且养鱼池应安装过滤装置，确保水质清洁。池中常残留有鱼粪、鱼饵等垃圾，应在池底做陡坡，坡度以能将鱼粪汇集在池底鱼巢的深处为宜。

3. 水草的种植与池水深度

不同的水草生活在不同的水环境中。例如，鸢尾草、蝴蝶花生长在靠近水池的陆地上；玉蝉花、水芹、花菖蒲、芦苇、莎草等生长在水边；蔗草、菱笋、灯心草长在水深5~10cm处；睡莲所需水深为30cm，而它的种子发芽则需10cm水深；莲花、慈姑所需水深为20cm左右。萍蓬草适合在1m左右深、无暗流的地方生活。而凤眼兰则一般漂浮在水面上。因此，大中型鱼池，应修筑挡土墙，池底铺垫水田常用的底土。小型水塘一般可利用瓦盆栽种水草，长成后再植入水中。

4. 水池的设计要点

首先确定水池的用途，是观赏用，嬉水用，还是养鱼用。如为嬉水，其设计水深应在30cm以下，池底做防滑处理，注意安全性。而且，因儿童有可能饮用池中水，应尽量设置过滤装置。养鱼池，应确保水质，水深在30~50cm左右，并设置越冬用鱼巢。另外，为解决水质问题，除安装过滤装置外，还要做水除氯处理。

池底处理，如水深30cm的水池，且池底清晰可见，应考虑对池底做相应的艺术处理。

浅水池一般可采用与池床相同的饰面处理。普通水池常采用水洗豆砾石或镶砌卵石的处理。瓷、砖石料铺砌的池底，无过滤装置，存污后会很醒目。铺砌大卵石虽然耐脏，但不便清扫。各种池底都有其利弊，对游泳池而言，如为使池水显得清澈、洁净，可采用水色涂料或瓷砖、玻璃马赛克装饰池底。想突出水深，可把池底做深色处理。

确定用水种类（自来水、地下水、雨水）及是否需要循环装置。

确认是否安装过滤装置。养护费用有限又须经常进行换水、清扫的小型池，可安装氧化灭菌装置，基本上可以不用再安装过滤装置。但考虑到藻类的生长繁殖会污染水质，还是应设法配备过滤装置。

确保循环、过滤装置的场所和空间，水池应配备泵房或水下泵井。小型池的泵井规模一般为 1.2×1.2m，井深需 1m 左右。

设置水下照明，配备水下照明时，为防止损伤器具，池水须没过灯具 5cm 以上，因此，池水总深应保证达 30cm 以上。另外，水下照明设置应尽量采用低压型。

在规划设计中应注意瀑布、水池、溪流等水景设施的给排水管线与建筑内部设施管线的连接，以及调节阀、配电室、控制开关的设置位置。同时设置确保水位的浮球阀、电磁阀、溢水管、补充水管等配件应避免破坏景观效果。

水池的防渗漏。水池的池底与池畔应设隔水层。如须在池中种植水草，可在隔水层上覆盖 30~50cm 左右厚的覆土再进行种植。如在水中放置叠石，则须在隔水层之上涂布一层具有保护作用的灰浆。而在生态调节水池中，可利用黏土类的截水材料防渗漏。

5. 水池池底的处理

（1）钢性结构水池

钢性结构水池是指水池的结构与构造层，包括防水层都是钢性材料，如钢筋混凝土、砖、石材等，常用于冬季不结冰的南方地区。

（2）柔性结构水池

柔性结构水池的构造层，尤其是防水层是柔性材料，如玻璃布沥青、再生橡胶膜、油毛毡等，常用于冬季结冰的北方地区。

（四）园林栏杆

1. 栏杆的高度

根据高度，栏杆可分为低栏（0.2~0.3m）、中栏（0.8~0.9m）、高栏（1.1~1.3m）。一般来说，花坛和草坪边缘用低栏，既可以做装饰和点缀，又可以明确边界。人流拥挤的大门、游乐场所等用中栏，强调导向的作用。在高低悬殊的地面、外围墙等用高栏，起分隔作用。总之，应根据具体的需要，设计合适的栏杆高度。随着社会的进步，园林景观设计中的栏杆更多的是导向性栏杆、生态型间隔，切忌以栏杆的高度来代替管理，使绿地空间被截然分开。同时，不要为了使用栏杆而使用栏杆，能用自然的、空间的办法达到分隔的目的，比如绿篱、山石、水面和自然地形变化等，则建议少用栏杆。

2. 栏杆的用料

制作栏杆的材料有很多种，比如木、石、竹、铁、不锈钢等，现在最常用的是型钢和铸铁、铸铝的组合。每种材料都有其优缺点，建议结合客户的预算和美观度等综合考虑，选择合适的栏杆用料。例如，铸铁、铸铝可以制作出各种花型构件，美观通透，缺点是性脆，断了修复比较麻烦，因此常常用型钢作为框架。竹木栏杆自然、质朴，但是使用周期不长，如有强调这种意境的地方，可采取"仿"真的办法。如果要用真材实料的话，须经过防腐处理。

3. 栏杆的构图

栏杆的构图要单元好看，更要整体美观，在长距离内连续重复，从而产生韵律美。因此，某些具体的图案、标志，往往不如抽象的几何线条组成给人的视觉冲击感。同时，栏杆的构图还要服从环境的要求，比如，拱桥的栏杆是循着桥身呈拱形的，平曲桥的栏杆有时仅是两道横线，和水的平桥造型呼应。此外，栏杆的构图除了美观，还要考虑造价，要疏密相间、用料恰当，不能超出预算。

4. 栏杆的设计要求

比如，低栏要防坐防踏，因此，低栏的外形有时直杆朝上，有时做成波浪形，只要造型好看，构造牢固，杆件之间的距离大一些也没关系，这样既省造价又易养护。中栏在须防钻的地方，净空不应该超过14cm。在不须防钻的地方，构图的优美是关键，但这不适于有危险、临空的地方，尤其要注意儿童的安全问题。此外，设计中栏的时候，要考虑上槛作为扶手使用，凭栏遥望，也是一种享受；高栏要防爬，因此，下面不要有太多的横向杆件。具体设计时，要考虑具体的环境，设计合适的栏杆。

5. 栏杆的杆件

除了构图的需要，栏杆杆件本身的选材、构造也要有讲究。一是要充分利用杆件的截面高度，提高强度，方便施工；二是杆件的形状要合理；三是栏杆受力传递的方向要直接明确。只有了解一些力学知识，才能在园林景观设计中把艺术和技术结合起来，设计出美观耐用的栏杆。

第二节　城市道路公共绿地的设计

一、城市道路绿地设计

（一）城市道路绿地的作用

城市道路绿地是城市园林绿地的重要组成部分，"线"状的道路绿地把城市"点"状和"块"状绿地连接起来，形成城市绿地系统。街道绿化有以下三方面的作用：

1. 使用功能

高大的乔木尤其是行道树在夏季可有效地为行人遮阴降温，是城市居民使用城市道路的最基本要求之一。

城市道路绿带可将人行道与车行道、快车道与慢车道、上下行车道分隔开，交通岛、主体交叉、广场、停车场的绿化，都可以起到组织城市交通、保证行车速度和交通安全的作用。

城市道路中有些绿地，常设有园路、广场、坐凳、小型休息建筑等活动休憩场地和设施，成为行人的休闲场所，也可成为附近居民锻炼身体的地方。

2. 营建景观

道路绿化是城市道路景观的重要组成部分，园林植物在形态、色彩、质地等方面独具的自然美，将植物材料通过艺术美的原则进行配置，使得街道景观优美而自然生动。很多世界著名的城市的街道绿化，都给人留下了深刻的印象。

道路绿化可以协调城市街道的整体景观。城市道路两侧以建筑和人工设施为主，往往缺乏良好的自然环境；而建筑的立面一般较为生硬严谨，建筑的体量、风格、质感、色彩非常复杂，同时道路上各类人工设施的大量存在，使得街道景观难以协调。绿色植物是统一各类街道最为理想的软质景观材料，同时软硬景观可以形成对比，相互衬托，达到丰富而和谐的景观效果。

此外，还可以利用绿化进行城市道路空间的组织，通过绿化创造出不同的空间变化，使道路的空间更加柔和、自然、丰富多彩。

3. 改善城市的生态环境

城市道路绿地是城市生态系统中极为重要的组成部分。城市街道上车辆、各类设备产生的大量粉尘、有害气体、噪音，是城市污染的主要来源，不断释放的热能产生了热岛效应，使得城市道路的生态环境比城市其他区域更为恶劣。绿化是改善道路生态环境最有效的途径。城市道路绿化改善城市生态环境的效益主要有：吸滞粉尘、降温、增加湿度、吸收有害气体、减弱噪音、防火、防风、保持水土等。

（二）城市道路绿地的主要类型

1. 根据道路的断面形式划分

城市道路绿化断面布置形式与道路的断面形式密切相关，是规划设计采用的主要模式。常用的断面形式有一板二带式、二板三带式、三板四带式、四板五带式和其他形式。

（1）一板二带式

一板二带式是一条车行道两条绿带，即在道路两侧人行道上种植行道树，是道路绿化中常用的一种形式。一板二带式的优点是简单整齐、用地经济、管理方便；但当车行道过宽时行道树的遮阴效果较差，不利于机动车辆与非机动车辆混合行驶时的交通管理。

（2）二板三带式

由两条车行道、两侧行道树和中央一条分车绿化带组成，即在分隔单向行驶的两条车行道中间绿化，并在道路两侧布置行道树。这种形式适于宽阔道路，绿带数量较大，生态效益较显著，优点是用地较经济，可避免机动车相向行驶发生事故，多用于高速公路和入城道路绿化。

（3）三板四带式

由三条车行道、两侧行道树和两条两侧分车绿带组成，利用两条两侧分车绿带把车行道分成三块，中间为机动车道。这种形式绿化量大，夏季蔽荫效果好，组织交通方便，安全可靠，解决了各种车辆混合互相干扰的矛盾；缺点是占地面积较大。

（4）四板五带式

由四条车行道、两侧行道树、一条中央分车绿带和两侧分车绿带组成，利用三条分车绿带将车道分为四条，以便各种车辆上行、下行互不干扰。这种形式是较为完整的城市道路绿化形式，保证了交通安全和车速，绿化效果显著，景观性强，生态效益明显；缺点是占地面积大，只能在宽阔的道路上应用。如果道路面积不够布置五带，中央分车带可用栏杆分隔，以节约用地。

（5）其他形式

可按道路所处地理位置、环境条件特点，因地制宜地设置绿带，如山坡、水道的绿化。

2. 根据道路绿地的景观特征划分

（1）密林式

沿路两侧有较宽的林带，一般用于城乡交界处或环绕城市或结合河湖布置。沿路植树要有相当宽度，一般在 50m 以上。主要配置乔木加上灌木、常绿树和地被。夏季绿荫覆盖，行人或车辆走入其中如入森林之中。多采用自然式种植，可结合周边丘陵、河湖等自然地形布置。若地形整齐，也可成行成排整齐种植，以便产生规则整齐之美。

（2）田园式

路两侧的园林植物都在视线以下，空间全部敞开。在郊区则与农田、菜园相连，在城市边缘也可与苗圃、果园相邻。这种形式开朗、自然、富有乡土气息，可欣赏田园风光或极目远望，视线开阔，交通流畅，主要适用于城市公路、铁路、高速干道的绿化。

（3）花园式

沿道路外侧布置大小不同的绿化空间，如广场、林荫道，其间可设必要的园林设施和建筑小品等，可供小憩、散步，或幼儿游戏。道路绿地可分段与周围绿化结合，路侧要有一定的空地。这种形式可在用地紧张、人口稠密的商业街、闹市区和居住区前的街道使用，特点是布局灵活，用地经济，功能性较强；但要严格组织交通，避免发生意外事故。

（4）自然式

模拟自然景色，结合地形环境，沿着道路在一定宽度内布置有节奏的自然树丛，树丛由不同植物种类组成，具有高低、浓淡、疏密和各种形体的变化，能形成生动活泼的气氛。这种形式能很好地与附近景物配合；能增加道路的空间变化，但夏季遮阴效果不如整齐式的行道树。绿地的宽度要求不小于 6m，在路口、拐弯处的一定距离内不种植高大植物，以免妨碍司机视线，还要注意与地下管线的配合。

（5）滨河式

道路一面临水，空间开阔，环境优美，景观性强，常作为市民休闲游憩的理想场所。若水面宽阔、沿岸景观优美，沿水宜设较宽阔的绿带，布置相应的游步道和休憩设施，满足人们的亲水感和观景要求。若水面较窄，对岸风景不够优美，滨河绿地布置形式宜简单，通常成行成列地种植。

（6）简单式

沿着道路两侧各种一行乔木或灌木，类似于一板两带式，是道路绿化中最简单、最原始的形式，适用于宽度较窄的道路。

城市道路绿地的形式要根据道路的实际情况，因地制宜地设计，这样才能满足道路的功能要求和景观效果。

（三） 城市道路绿地的设计原则

1. 与城市道路的性质、功能相适应

道路的发展与城市的发展是紧密相连的。现代城市道路受城市布局、地形、气候、地质、水文及交通方式等因素的影响，由不同性质与功能的道路所组成，是一个复杂的多层次系统，如快速道路系统、交通干道系统等。有人提出建立自行车系统、公共交通系统、步道系统等。各类道路的交通目的、道路尺度及景观特征均不同，道路绿化在植物选择、高度控制、种植方式和设计手法上都要有不同的考虑。

2. 符合用路者的行为规律和视觉特性

道路空间是供人们生活、工作、休息往来与货物流通的通道，不同用路者的行为规律和视觉特性不同。要研究道路空间中各种用路者的比例、各类活动人群的出行目的、乘坐不同交通工具所产生的行为特性和视觉特性，从中找出规律，做出符合现代交通条件下用路者行为规律和视觉特性的绿化设计。

3. 突出生态功能道路的绿化设计

要根据生态学的基本原理，充分考虑立地条件和植物的种间关系，保证生物多样性，增加绿量，通过合理的植物配置，形成层次丰富、结构合理、种间关系协调稳定、能自我良性循环的人工植物群落，发挥更大的生态效益。

4. 与道路其他景观元素协调，创造优美的道路景观

人们对城市绿化的第一印象是道路绿化，道路不应仅仅满足于功能的要求，也应符合美学的要求。形式美的法则同样在城市道路绿化中适用。要保持街道的连续性、完整性，植物配置要充分利用植物自身的观赏特性，设计优美的平面线型与立面层次，体现季相的变化，淡化或者隐蔽影响街道美化的因素，创造出优美而有个性的道路绿地景观。

道路绿地是城市道路景观的一个部分，也是统一道路景观最有效的形式。道路绿地的设计要从道路整体景观考虑，与建筑及其他道路景观要素相协调。道路绿化的布局、植物配置、节奏及色彩的变化都应与道路的空间尺度相协调，与周围的地形相协调，对靠近山地、河湖、丘陵的绿化都有不同的处理。

5. 合理选择、配置园林植物道路的绿地设计

应根据不同的道路绿地的景观和功能的要求、形式、道路等级、用路者的视觉特性和观赏要求来选择植物，选择适应道路环境条件、生长稳定、观赏价值高和环境效益好的植物种类，取得四季常青、三季有花的道路绿化效果。行道树应选择深根性、分枝点高、冠

大荫浓、生长健壮和便于管理的树种。绿篱和观叶灌木应选用萌芽力强、枝繁叶密、耐修剪的树种。地被植物应选择萌蘖力强、覆盖率高、耐修剪和绿色期长的种类。植物配置在统一基调的基础上，树种力求丰富有变化，注意乔木、灌木结合，常绿与落叶、速生与慢长相结合，乔木、灌木与地被、草坪相结合，适当点缀花草，构成多层次的复合结构，形成符合当地特色、生态效益显著的植物群落景观。

6. 与道路上的交通及各类附属设施配合

为了交通安全，绿化不应遮挡汽车司机的视线，保持司机视线在一定距离内的通透；不应遮蔽交通管理标志；要留出公共站台的必要范围，保证乔木有适当高的分枝点，不致刮碰大型车辆的车顶；在可能的情况下可利用绿篱或灌木遮挡车灯的眩光。

给公众经常使用的厕所、报刊亭、电话亭留出合适的位置；对人行过街桥、地下通道出入口、电杆、路灯、各类通风口、垃圾出入口、路椅等的地下设施和地下管线、地下构筑物和地下沟道都应进行配合。

7. 充分考虑道路绿地的立地条件

城市道路绿地的立地条件远比其他园林绿地要恶劣，主要表现在土层浅薄、土质贫瘠、土壤状况千差万别，光照受建筑的影响明显，空气污染严重，人为破坏频繁，与地下各类设施的矛盾尖锐，养护管理困难，等等。道路绿化设计要充分考虑立地条件，只有处理好各方面的制约因素，才能保持长期的优美的道路绿地景观。

（四）城市道路绿地的种植设计

1. 城市道路绿带的种植设计

道路绿带是指道路红线范围内的带状绿地，包括行道树绿带、分车绿带和路侧绿带。

（1）行道树绿带的种植设计

行道树绿带布设在人行道与车行道之间，是以种植行道树为主的绿带。行道树是街道绿化最基本的组成部分，即沿人行道外侧成行种植乔木，是街道绿化最主要的部分。

①行道树树种的选择。

行道树的立地条件恶劣，根系生长范围小，空气干燥，地上部分要经受强烈的热辐射和烟尘与有害气体的危害、频繁的机械和人为损伤，以及地上地下管线的限制等，因此，树种的选择比较严格。行道树的选择，还应考虑道路建设标准和周边环境的具体情况，以方便路人行走和车辆行驶为准则，结合景观要求，确定适当的树种。选择时要遵循以下原则：

a. 适应当地的生长环境，移栽容易成活，生长迅速而健壮。

b. 管理简便，对水肥要求不高，耐修剪，病虫害少。

c. 树冠整齐，树干挺拔，冠大荫浓，遮阴效果好。

d. 根系深，抗风能力较强，抗逆性强，无刺，不易生萌暴根。

e. 花果不易脱落和污染路面，不挥发臭味及有害物质，无飞絮，不招引蝇蚁等昆虫。

②行道树的种植形式。

行道树的种植有两种方式：树池式和树带式。

在行人多而人行道窄的路段，多采用树池式种植。树池可为方形或圆形，以边长或直径不小于 1.5m 为宜，行道树的栽植点位于树地的几何中心。树池边缘可高出人行道 6~10cm，避免行人践踏，但要防止雨水渗入池内；因此，树池可以略低于路面，表面加盖透空的池盖，使之与路面同高，这样还可增加人行道的宽度，又能避免践踏。

树带式是在行人量不大的路段，在人行道和车行道之间留出一条不加铺装的种植带，树带式种植有利于行道树生长。树带宽度一般不小于 1.5m，在适当的距离留出铺装过道。行道树绿带种植应以行道树为主，并宜乔木、灌木、地被植物相结合，形成连续的绿带。

③行道树株距及定干高度的确定。

不同的树种，其树冠大小、生长速度都不同，对株距也有不同的要求。行道树定植株距，应以其树种壮年期树冠郁闭效果好为准，最小种植株距应为 4m，多采取 5m 的株距，南方有些高大乔木，也有采用 6~8m 株距的。定植时可适当提高苗龄，效果较好，速生树苗木的胸径不得小于 5cm，慢生树不宜小于 8cm。行道树树干中心至路缘石外侧最小距离宜为 0.75m。在道路交叉口视距三角形范围内，行道树绿带应采用通透式配置。

行道树的定干高度视道路性质、树木距车行道距离和树种的分枝角度而定。凡靠近车行道路牙的行道树，分枝角度又大的，其定干高度应不低于 3.5m，以免车行时碰伤树木枝叶而影响交通；距车行道较远，分枝角度小的，其定干高度可适当降低。

（2）分车绿带的种植设计

分车绿带是指车行道之间可以绿化的分隔带。位于上下行机动车道之间的为中间分车绿带，位于机动车道与非机动车道之间或同方向机动车道之间的为两侧分车绿带。分车绿带可以有效地组织交通，保证快慢车行驶的速度与安全，还可协调和丰富街景。

分车绿带的植物配置应形式简洁，树形整齐，排列一致。在多数情况下，分车绿带以不挡视线的种植形式较为合适。分车带的宽度，因道路而异，没有固定规格。中间分车绿带应阻挡相向行驶车辆的眩光，在距相邻机动车道路面高度 0.6~1.5m 之间的范围内，配置植物的树冠应常年枝叶茂密，其株距不得大于冠幅的 5 倍。两侧分车绿带宽度大于或等于 1.5m 的，应以种植乔木为主，并宜乔木、灌木、地被植物相结合，其两侧乔木树冠不宜在机动车道上方搭接；乔木树干中心至机动车道路缘石外侧距离不宜小于 0.75m。分车绿带宽度小于 1.5m 的，应以种植灌木为主，并应灌木、地被植物相结合。被人行横道或道路出入口断开的分车绿带，其端部应采取通透式配置。

（3）路侧绿带的种植设计

路侧绿带是指在道路侧方布设在人行道边缘至道路红线之间的绿带。路侧绿带在街道绿地中占有很大比例，是街道绿化中的重要组成部分，对发挥街道景观功能和生态效益起着举足轻重的作用。

路侧绿带的植物种类远比其他绿带更为丰富，配置方式也更为灵活多变，自然式、规则式、混合式均可采用，但仍要有统一的基调以保持景观的整体性和连续性。

路侧绿带应根据相邻用地的性质、防护和景观的要求进行设计，并应保持在路段内的连续与完整的景观效果。路侧绿带宽度大于 8m 时，可设计成开放式绿地。在开放式绿地中，绿化用地面积不得小于该段绿带总面积的 70%。路侧绿带与毗邻的其他绿地一起辟为街旁游园时，其设计应符合现行行业标准《公园设计规范的确定》。濒临江、河、湖、海等水体的路侧绿地，应结合水面与岸线地形设计成滨水绿带，滨水绿带的绿化应在道路和水面之间留出透景线。在城市外围及交通干道附近的一些路侧绿带可以设计成层次复杂、功能多样、生态效益明显、景观优美的森林景观道路。

2. 立体交叉的种植设计

立体交叉可能是城市中两条高等级的道路相交处，或高等级道路跨越低等级道路，也可能是快速道路的入口处。立体交叉由主、次干道和匝道组成。匝道是供车辆左、右转弯，将车流导向主、次干道的。立体交叉的形式不同，交通量和地形也不相同，要灵活处理。

在立体交叉处，绿地布置要服从交通功能，使司机有足够的安全视距。因此，不宜种植遮挡视线的树木，树木高度也不能超过司机的视高，使司机能通视前方的车辆。而在弯道外侧，应连续种植成行的乔木，封闭视线，可诱导司机的行车方向，并使司机有安全感。

为了保证车辆安全和规定的转弯半径，在匝道和主、次干道之间围合成的绿化用地，称为绿岛。立体交叉绿岛应种植草坪等地被植物，草坪上可点缀树丛、孤植树和花灌木，以形成开阔的绿化效果；立交桥下宜种植耐阴地被植物；墙面宜进行垂直绿化，不宜种植过高的绿篱和大乔木，以免使立体交叉产生阴暗郁闭的感觉。

从立体交叉的外围到建筑红线之间的绿地称为外围绿地。外围绿化的树种选择和种植方式，要和道路伸展方向的绿化及附近建筑物的性质结合起来考虑。

3. 滨水道路绿地的种植设计

滨水道路绿地是城市中濒临河、湖、江、海等水体的道路。这种道路由于一面临水，空间开阔，环境优美，是城市居民赏景和休憩的理想场所，可以吸引大量游人，也是城市的生态绿廊。

滨水道路绿地必须密切结合当地的生态环境、河岸高度、用地宽窄和交通特点等实际情况进行全面规划设计。

一般滨水道路的一侧是城市建筑，另一侧是水体，中间为道路绿带。如果在水面不宽阔、对岸又无景可观的情况下，滨水道路可布置简单一些。除车行道和人行道之外，在临水可布置游步道，岸边可以设置栏杆、园灯、果皮箱、石凳等，种植树姿优美、观赏价值高的乔木、灌木，以自然式种植为主，树间布置座椅，供游人休息。在水面宽阔、对岸景色优美的情况下，临水宜设置较宽的绿化带、花坛、草坪、石凳、花架等，在可观赏对岸景点的最佳位置可设计一些小型广场或者是有特色的平台，供游人伫立或摄影。水体面积宽阔，水面可以划船、游泳时，应将其设计成滨水游憩带状公园绿地，纳入城市绿地总体规划。

在滨水道路绿地上除采用一般街道绿化树种外，还可选用适于低湿地生长的树木，如垂柳等。为便于人们观赏和眺望风景，树木不宜种得过于闭塞，林冠线要富于变化，除种乔木外，还可种一些灌木和花卉，以丰富景观。在低湿的河岸上或一定时期可能上涨水位的水边，应选择耐水湿和耐盐碱的树种。有些滨水道路绿地还有防浪、固堤、护坡的作用，斜坡上要种植草皮，防止水土流失，也可起到美化作用。滨水道路绿地的游步道应尽量靠近水边，以满足行人亲近水面的需要；游步道与车道之间应尽可能用绿化隔离开，以保证游人的休息和安全。

4. 高速公路的种植设计

高速公路是连接远距离的城市的主干道，是供汽车高速行驶的现代公路，对路面的质量要求较高，车速一般为每小时 80~120km。高速公路的横断面包括行车道、中央分隔带、路肩、边坡、路边安全地带等。此外，高速公路上还有预留绿化带、互通立交、休息站和收费站等。

良好的高速公路植物配置可以减缓驾驶员的疲劳，丰富的植物景观也让旅客在旅途中更加轻松愉快。高速公路的绿化由中央隔离带绿化、边坡绿化和互通绿化组成。

中央隔离带绿化的作用是遮光防眩、诱导视线和改善景观。绿带内一般不成行种植乔木，避免投影到车道上的树影干扰司机的视线，也不宜选用树冠太大的树种。隔离带内可种植修剪整齐的色块模纹，选择的植物品种不宜过多，色彩搭配不宜过艳，重复频率不宜太高，节奏感也不宜太强。一般可以根据分隔带宽度每隔30~70m距离重复一段，色块灌木品种宜选用3~6种，中间可以间植多种形态的开花或常绿植物，使景观富于变化。

边坡绿化的主要目的是固土护坡、防止冲刷，植物配置应尽量不破坏自然地形地貌和植被，应选择根系发达、易于成活、便于管理、兼顾景观效果的植物。

互通绿化位于高速公路的交叉口，最容易成为人们视觉上的焦点。其绿化形式主要有两种：一种是大型的模纹图案，种植花灌木进行造型，形成简洁大气的植物景观；另一种是苗圃景观模式，人工植物群落按乔、灌、草的种植形式种植，密度相对较高，在发挥生态和景观功能的同时，还兼顾了经济功能，为城市绿化发展所需的苗木提供有力的保障。

高速公路要在每50~100km间设休息站，供司机和乘客停车休息。休息站包括减速车道、加速车道、停车场、加油站、餐厅、小卖部、厕所等服务设施，要结合这些设施进行绿化。停车场可大量绿化，种植具有浓荫的乔木，以防止车辆受到暴晒。场内可利用草坪、花坛或树坛分隔不同车辆的停放区。

二、城市广场的绿地设计与表现

（一）城市广场的类型

城市广场是城市整体空间环境一个重要的组成部分，是城市居民的重要的活动空间，与城市的环境、历史、人文有很大的关联。城市广场一般是指由建筑物、街道和绿地等围合或限定形成的永久性城市公共活动空间，是城市空间环境中最具公共性、最富有艺术魅力、最能反映城市文化特征的开放空间。城市广场往往集中表现城市的面貌，有着城市"客厅"的美誉。

现代城市广场的类型，通常可以根据广场的功能性质、尺度关系、空间形态、材料构成、平面组合和剖面形式等方面划分。其中，最为常见的是根据广场的功能性质进行分类，可以分为市政广场、纪念性广场、集散广场、交通广场、休闲广场、文化广场和商业广场等。城市广场的绿化布置要与广场的性质、规模、功能相适应，与周围建筑密切配合，互相衬托。

（二）城市广场的绿化设计

1. 城市广场绿化的原则

城市广场绿化的主要原则有：

广场绿地布局应与城市广场总体布局统一，使绿地成为广场的有机组成部分，从而更好地发挥其主要功能，符合其主要性质和要求。

广场绿地的功能与广场内各功能区相一致，更好地配合和加强该区功能的实现。如在入口区植物配置应强调绿地的景观效果，休闲区规划则应以落叶乔木为主，冬季的阳光、夏季的遮阳都是人们户外活动所需要的。

广场绿地规划应具有清晰的空间层次，独立形成或配合广场周边建筑、地形等形成良好、多元、优美的广场空间体系。

广场绿地规划设计应考虑到与该城市绿化总体风格协调一致，结合地理区位特征，物种选择应符合植物的生长规律，突出地方特色。

结合城市广场环境和广场的竖向特点，以提高环境质量和改善小气候为目的，协调好风向、交通、人流等诸多因素。

对城市广场上的原有大树应加强保护，保留原有大树有利于广场景观的形成，有利于体现对自然、历史的尊重，有利于对广场场所感的认同。

2. 城市广场绿地的种植形式

城市广场绿地的种植主要有四种基本形式：排列式种植、集团式种植、自然式种植和花坛式种植。

（1）排列式种植

属于整形式种植，主要在广场周围或者长条形地带应用，用于隔离、遮挡或做背景。单排的绿化栽植，可在乔木间加种灌木及草本花卉，株间要有适当的距离，以保证充足的阳光和营养面积；乔木下的灌木和草本花卉要选择耐阴品种，并排种植的各种乔木、灌木在色彩和体形上要注意协调。

（2）集团式种植

也是整形式的一种，是为避免成排种植的单调感，把几种树组成一个树丛，有规律地排列在一定地段上。这种形式有丰富浑厚的效果，远看很壮观，近看又很细腻。

（3）自然式种植

这种种植形式不受统一的株、行距限制，而是疏密有序地布置，从不同的角度观赏产生不同的景观，生动而活泼。这种布置不受地块大小和形状限制，可以巧妙地解决与地下管线的矛盾，布置要紧密结合环境。

（4）花坛式种植

花坛式种植即图案式种植，是一种规则式种植形式，装饰性极强。材料选择可以是花卉、草坪，也可以是可修剪整齐的树木，可以构成各种图案。它是城市广场最常用的种植形式。

第三节　居住区绿地的设计

一、居住区绿地设计的基本知识

（一）居住区的概念

"人类住区"是指人类聚居的区域，是人类生活环境（以居住为主）的最基本单位的一个系统。按照规模和组成，人类住区可分为"居住区""居住小区""居住组团"三级。

居住区，泛指不同居住人口规模的居住生活聚居地和特指城市干道或自然分界线所围合，并与居住人口规模（30 000~50 000 人）相对应，配建有一整套较完善的、能满足该区居民物质与文化生活所需的公共服务设施的生活聚居地。

居住小区，一般称小区，是被居住区级道路或自然分界线所围合，并与居住人口（7000~15 000 人）相对应，配建有一套能满足该区居民基本的物质与文化生活所需的公共服务设施的生活聚居地。

居住组团，一般称组团，指一般被小区道路分隔，并与居住人口规模（1000~3000 人）相对应，配建有居民所需的基层公共服务设施的生活聚居地。

（二）居住区的组成

居住区包括住宅用地、公共建筑和公用设施用地、道路及广场用地、居住区公共绿地。

1. 住宅用地

住宅建筑基底占地及其四周合理间距内的用地（含宅绿地和宅间小路等）的总称。

2. 公共服务设施用地

又称公共用地，是与居住人口规模相对应配建的、为居民服务和使用的各类设施的用地，包括建筑基底占地及其所属场院、绿地和配建停车场等。

3. 道路用地

居住区道路、小区路、组团路及非公建配建的居民汽车、单位通勤车等停放场地。

4. 公共绿地

满足规定的日照要求、适合于安排游憩活动设施的、供居民共享的游憩绿地，包括居住区公园、小区游园和组团绿地及其他块状带状绿地等。

（三）居住区建筑的布置形式

居住区建筑的布置形式，与地理位置、地形、地貌、日照、通风及周围的环境等条件都有着紧密的联系，要因地制宜地进行布设。主要有以下六种基本形式：

1. 行列式布置

根据一定的朝向、间距，成行成列地布置建筑，是居住区建筑布置中最常用的一种形式。优点是使绝大多数居室都能获得最好的日照和通风，但由于过于强调南北向布置，整个布局显得单调呆板，所以也常用错落、拼接成组、条点结合、高低错落等方式，在统一中求得变化而不致过于单调。

2. 周边式布置

指建筑沿着道路或院落周边布置的形式。优点是有利于节约用地，也有利于公共绿地的布置，且可形成良好的街道景观；缺点是较多的居室朝向差或通风不良。

3. 混合式布置

以上两种形式相结合，常以行列式布置为主，公共建筑及少量居住建筑沿道路、院落布置为辅，发挥行列式和周边式布置各自的优点。

4. 自由式布置

一些居住建筑常结合地形或受地形地貌的限制而充分考虑日照、通风等条件，自由灵活地布置，这种布置显得自由活泼，绿地景观也灵活多样。

5. 庭园式布置

主要用在低层建筑，形成庭园的布置。用户均有院落，有利于保护住户的私密性、安全性，绿化条件较好，生态环境较优越。

6.散点式布置

随着高层住宅群的形成，居住建筑常围绕着公共绿地、公共设施、水体等进行散点布置，能更好地解决人口稠密、用地紧张的问题，且可提供更大面积的绿化用地。

二、居住区绿地设计的一般要求

居住区绿地设计的一般要求有：

第一，居住区绿地应在居住区规划中按有关规定进行配套，并在居住区详细规划指导下进行规划设计。

第二，小区级以上规模的居住用地应当首先进行绿地总体规划，确定居住用地内不同绿地的功能和使用性质，使绿地指标、功能得到平衡，方便居民使用。

第三，合理组织、分隔空间，设立不同的休息活动空间，满足不同年龄居民活动、休息的需要。

第四，要充分利用原有的自然条件，因地制宜，节约用地和投资。

第五，居住区绿地应以植物造景为主。根据居住区内外的立地条件、景观特征等，按照适地适树的原则进行植物配置，充分发挥生态效益和景观效益。在以植物造景为主的前提下，可设置适当的园林小品，但不宜过分追求豪华和怪异。

第六，合理确定各类植物的配置比例。速生、慢生树种的比例，一般是慢生树种不少于树木总量的40%。乔木、灌木的种植面积比例一般应控制在70%，非林下草坪、地被植物种植面积比例宜控制在30%左右。常绿乔木与落叶乔木数量的比例应控制在1：3到1：4之间。

第七，乔木、灌木的种植位置与建筑及各类市政设施的关系，应符合有关规定。

三、居住区各类绿地的设计与表现

（一）公共绿地的设计与表现

1.居住区公园

居住区公园的功能可按小型综合性公园的功能组织来考虑，一般有安静游憩区、文化娱乐区、儿童活动区、服务管理区等。

（1）安静游憩区

安静游憩区是居住区公园内的重要部分，作为游览、观赏、休息等用，游人密度较小，绿地面积比例较大。安静游憩区应选择地形富于变化且环境最优的位置，并与喧闹活动的区域隔离。区内宜设置休息场地、散步小径、桌凳、老人活动室、水面及各种园林种植等。

（2）文化娱乐区

文化娱乐区是人员、建筑和场地较集中的区域，也是全园的重点，常位于园内中心部位，可和居住区的文体公共建筑结合起来设置。布置时要注意排除区内各项活动之间的相互干扰，可利用绿化、土石等加以隔离，运用平地、广场或自然地形等妥善组织交通。

（3）儿童活动区

儿童活动区各种设施要考虑少年儿童活动的尺度，学龄前和学龄儿童要分开活动，可设置游戏场、戏水池、运动场、科技活动园地等。各种小品形式要符合少年儿童的兴趣，做到寓教于乐。区内道路布置要简洁明确，容易识别。植物品种应色彩鲜艳但应注意不要选择有毒、有刺、有异味的植物。

（4）服务管理区

服务管理区包括小卖部、租借处、废物箱、厕所等设施。园内主要道路及通往主要活动设施的道路宜做无障碍设计，照顾残疾人和老年人等特殊人群。

2. 小区游园

（1）位置

小区游园的位置一般要求适中，居民使用方便，既要求交通方便，又要避免成为人行通道，尽可能和小区公共活动中心结合起来布置，并注意充分利用原有的绿化基础。这样不仅节约用地，而且能满足小区艺术的需要。

小区游园在小区中心时，其服务半径以不超过 500m 为宜。在规模较小的小区中，小区游园可在小区的一侧沿街布置或在道路的转弯处两侧沿街布置。小区游园沿街布置时，可以形成绿化隔离带，用于减弱干道的噪声对临街建筑的影响，还可以美化街景，便于居民使用。有的道路转弯处，往往将建筑物后退，可以利用空出的地段建设小区游园，这样，路口处局部加宽后，能使建筑取得前后错落的艺术效果。在较大规模的小区中，也可布置几个绿地，使其贯穿整个小区。

（2）规模

小区游园的用地规模是根据其功能要求来确定的，功能要求又和居民生活水平有关，这些在国家确定的定额指标上已有规定。目前，新建小区公共绿地面积采用平均每人 1~2m² 的指标。

小区游园主要是供居民休息、观赏、游憩的活动场所，一般设有老人、青少年、儿童的游憩和活动等设施。只有形成一定规模的集中的整块绿地，才能安排这些内容，但如果将小区绿地全部集中，不设分散的小块绿地，会造成居民使用不便。因此，最好采取集中与分散相结合的原则，使小区游园面积占小区全部公共绿地面积的一半左右为宜。如小区为 10 000 人，小区公共绿地面积平均每人 1~2m²，则小区公共绿地约为 0.5~1hm²左右。小区游园用地分配比例可按建筑用地约占 3%以下，道路、广场，用地约占 10%~25%，绿化用地约占 60%以上来考虑。

（3）类型

小区游园的类型主要有：

广场式：小区游园布置成以休息、活动为主的广场形式。

开敞草坪式：布置成简单的草坪形式，供游戏、观赏。

组景式：小区游园布置成有主题的景点或景点组合形式。

混合式：小区游园组成兼有以上几种形式。

（4）设计要点

小区游园的服务对象以老人和少年儿童为主，主要活动方式有观赏、休息、游玩、体育活动、社交、课外阅读等。应根据不同年龄居民的特点，划分活动场地和确定活动内容，场地之间要有分隔，布局要紧。小区游园的规划设计要符合功能要求，充分利用自然地形，尽量保留原有绿化和利用不宜建筑的地段进行规划设计。平面布置形式有规则式、自然式和混合式。

小区游园的绿化配置，要做到四季都有较好的景观，配置乔木、灌木、花卉和地被植物。在满足小区游园功能要求的前提下，尽可能运用植物的效果。植物配置得好，可以创造出许多优美的景观，吸引居民前往。

小区游园在配置树木时，应采用多样统一的原则。如园路两侧的树，不能采用行道树的栽植方式，可以和孤植树、树丛结合起来布置，这样既可形成一定的景观特色，又可起到路标的作用。在高层住宅下的绿地阴影部分，应栽植耐阴花木，或摆盆花等布置。

配置树木还要注意"重叠和透视"的问题。"重叠"就是游人视线看到近树与远树重叠在一起；"透视"就是游人透过近树还能看到远树。布置树丛时，一般要防止重叠；布置树群时，必然重叠，才能表现出树群丰富多彩的效果。一般中景、近景树可透视，显得有层次、有变化；远景树可以是树群，也可开辟几条透视线，显得景色深远。

3. 居住组团绿地

居住组团绿地是结合居民组团建筑的不同组合而形成的公共绿地，面积不大，靠近住宅，居民使用方便，特点是用地小、投资少、见效快、易于建设；服务半径小、使用率高；通过利用植物材料，既能改善组团住宅的通风、光照条件，又能丰富居住组团建筑的艺术面貌。

（1）布置的位置

居住组团绿地的位置根据在组团建筑内的相对位置，可以有以下几种类型：周边式住宅中间布置、行列式住宅的山墙间布置、扩大住宅的间距布置、穿插于住宅间自由式布置、住宅组团的一角布置、结合公共建筑布置。

（2）布置方式开敞式

即居民可以进入绿地内休息活动，不以绿篱或栏杆与周围隔离。

半封闭式：以绿篱或栏杆与周围隔离，但留有若干个出入口。

封闭式：一般只供观赏，而不能入内活动，以绿篱或栏杆隔离。这种布置方式管理方便，但无活动场地，使用效果差。

（3）设计要点

组团绿地的内容设置可有绿化种植、安静休息、游戏活动等，还可附有一些小品建筑或活动设施。具体内容要根据居民活动的需要来安排，可以休息为主，也可以游戏为主；休息活动场地在居住区内如何分布等，均要按居住地区的规划设计统一考虑。居住组团绿地应尽量选用抗性强、病虫害少的植物种类。

①绿化种植部分。

常设在周边及场地间的分隔地带，其内可种植乔木、灌木和花卉，铺设草坪，还可设置花坛，亦可设棚架种植藤本植物、置水池种植水生植物。植物配置要考虑造景及使用上的需要，形成有特色的不同季相的景观变化及满足植物生长的生态要求。如铺装场地上及其周边可适当种植落叶乔木以遮阳；入口、道路、休息设施的对景处可种植开花灌木或常绿植物、花卉；周边须障景或创造相对安静空间的地段则可密植乔木、灌木，或设置中高绿篱。

②安静休息部分。

一般用作老人闲谈、阅读、下棋、打牌及锻炼等场地。该部分应设在绿地中远离周围道路的地方，内可设桌、椅、坐凳及棚架、亭、廊等建筑作为休息设施，亦可设小型雕塑及布置大型盆景等供人静赏。

③游戏活动部分。

应设在远离住宅的地段，在组团绿地中可分别设置幼儿和少年儿童的活动场地，供少年儿童进行游戏性活动和体育性活动。其内可选设沙坑、滑梯、攀爬等游戏设施，以及乒乓球球台等设施。

（二）宅旁绿地

宅旁绿地多指在行列式建筑前后两排住宅之间的空地上布置的绿地，在居住区绿地内总面积最大，约占绿化用地的 50%，是居民使用最频繁的一种绿地形式。宅旁绿地布置应与住宅的类型、层数、间距及组合形式密切配合，既要注意整体风格的协调，又要保持各幢住宅之间的绿化特色。宅旁绿化的重点在宅前，包括住户小院、宅间活动场地、住宅建筑本身的绿化等，只供本幢居民使用。

1. 底层住户小院的绿化

低层或多层住宅一般结合单位平面，在宅前自墙面至道路留出 3m 距离的空地，给底层每户安排一个专用小院，可用绿篱或花墙、栏栅围合起来。小院外围绿化做统一规划；内部则由住户栽花种草，布置方式和植物品种随住户喜好，但由于面积较小，宜采取简洁的布置方式，植物以盆栽为主。

独户庭院主要是别墅庭院。院内应根据住户的喜好进行绿化、美化。由于庭院面积相对较大，可在院内设小水池、草坪、花坛、山石，搭花架缠绕藤萝，种植观赏花木或果树，形成较为完整的绿地格局。

2. 宅间活动场地的绿化

宅间活动场地属半公共空间，主要做幼儿活动和老人休息之用。宅间活动场地的绿化类型主要有以下四种：

（1）树林型

以高大乔木为主的一种比较简单、粗放的绿化形式，对调节小气候的作用较大，大多为开放式。居民在树下活动的空间大，但由于缺乏灌木和花草搭配，因而显得较为单调。高大乔木与住宅墙面的距离至少应在 5~8m，以避开地下管线，便于采光和通风、防止病虫害侵入室内。

（2）游园型

当宅间活动场地较宽时（30m² 以上），可在其中开辟园林小径，设置小型游戏和休息园地，并组合配植层次、色彩都比较丰富的乔木和花灌木。游园型是一种宅间活动场地绿化的理想类型，但所需资金较大。

（3）棚架型

棚架型是一种效果独特的宅间活动场地绿化类型，以棚架绿化为主，通常选用观赏价值高的攀缘植物。

（4）草坪型

以草坪绿化为主，在草坪的边缘或某一处种植乔木、灌木，形成疏朗、通透的景观效果。

3. 住宅建筑本身的绿化

住宅建筑本身的绿化包括架空层、屋基、窗台、阳台、墙面、屋顶绿化等几个方面，是宅旁绿化的重要组成部分，必须与整个宅旁绿化和建筑风格相协调。

（1）架空层绿化

在近年新建的居住区中，常将部分住宅的首层架空形成架空层，并通过绿化向架空层的渗透，形成半开放的绿化休闲活动区。这种半开放的空间与周围较开放的室外绿化空间形成鲜明对比，增加了园林空间的多重性和可变性。架空层的绿化设计与一般游憩活动绿地的设计方法类似，但由于环境较为阴暗且受层高所限，因此，在植物品种的选择方面应以耐阴的小乔木、灌木和地被植物为主，不布置园林建筑、假山等，可适当布置一些与绿化环境协调的岸石、小品等。

（2）屋基绿化

屋基绿化是指墙基、墙角、窗前和入口等围绕住宅周围的基础栽植。

①墙基绿化。

可以打破建筑物与地面之间形成的直角，一般多选用灌木做规则式配植，亦可种植爬山虎、络石等攀缘植物对墙面进行垂直绿化。

②墙角绿化。

墙角可种植小乔木、竹或灌木丛，形成墙角的"绿柱""绿球"，可减弱建筑线条的生硬感觉。

③窗前绿化。

窗前绿化对于室内采光、通风，以及防止噪音、视线干扰等方面都起着相当重要的作用。其配植方法也是多种多样的，如在距窗前 1~2m 处种一排花灌木，高度遮挡窗户的一小半，形成一条窄的绿带，既不影响采光，又可防止视线干扰，开花时节景观优美；再如在窗前设花坛、花池，使路上行人不致临窗而过。

④入口绿化。

在住宅入口处，多与台阶、花台、花架等相结合进行绿化配植，形成各住宅入口的标志，也作为室外进入室内的过渡，有利于消除眼睛的光感差，或兼作"门厅"之用。

（3）窗台、阳台绿化

窗台、阳台绿化是人们在楼层室外与外界自然接触的媒介，不仅能使室内获得良好景观，也能丰富建筑立面和美化城市景观。

阳台有凸、凹、半凸半凹三种形式，日照及通风条件不同，应根据具体情况选择不同习性的植物。阳台拦板上部，可摆设盆花或设槽栽植，不宜植太高的花卉，以免影响室内的通风和光线，也会因放置的不牢固发生安全问题。或在上一层拦板下悬吊植物成"空中"绿化，这种绿化能形成点、线甚至面的绿化形态，从室内、室外看都富有情趣。

窗台绿化一般采用盆栽的形式，以便管理和更换。应根据窗台的大小布置，要考虑置盆的安全性。窗台日照多，热量大，应选择喜阳耐旱的植物。

阳台和窗台绿化都要选择叶片茂盛、花美色艳的植物，这样才能使其在空中引人注目，还要使花卉与墙面及窗户的颜色、质感形成对比，相互衬托。

（4）墙面绿化和屋顶绿化

墙面和屋顶的绿化，即垂直绿化，是增加城市绿量的有效途径，不仅能美化环境、净化空气、改善局部小气候，还能丰富城市的俯视景观和立面景观，应在居住区内推广。

（三）道路绿地

居住区的道路绿化在居住小区占有很大比重，连接着居住区公共绿地、宅旁绿地，通向各个角落，直至每幢住宅门前，与居民生活关系十分密切，是组织联系区内绿地的纽带。居住区道路绿化与城市街道绿化有共同之处，但是居住区道路交通量、人流量不大，所以宽度较小，类型也少。居住区内干道较宽，可分车行道与人行道，一般道路的人行道、车行道合在一起。由于道路较窄，行道树可选中小乔木，分枝点在 2m 以上即可，如棕榈、柿、银杏、元宝枫、合欢、杏等。根据功能要求和居住区规模的大小，可把居住区道路分为三类，绿化布置应因道路情况不同而有所区别。

1. 居住区主干道

居住区主干道是联系居住区内外的主要通道，除了人行外，有的还通行公共汽车。在道路交叉口及转弯处的绿化不要影响行驶车辆的视线，行道树要考虑行人的遮阳及不妨碍车辆的运行。道路与居住建筑之间可考虑利用绿化防尘和阻挡噪声，可形成多层次复合结构的带状绿地。

2. 居住区次干道

居住区次干道是联系住宅组团之间的道路。行驶的车辆虽较主干道为少，以人行为主，但在绿化布置时仍要考虑交通的要求。当道路与居住建筑距离较近时，要注意防尘隔声。次干道还应满足救护、消防、运货、清除垃圾等车辆的通行要求。当车道为尽端式道路时，绿化还须与回车场地结合。居民散步之地，树木栽植要活泼多样；树种多选小乔木及开花和变叶灌木，每条路应各有特色，选择不同树种及种植形式，使活动空间自然优美。

3. 居住区住宅小路

居住区住宅小路是联系各住户或各居住单元门前的小路，主要供人行走。绿化布置时，道路两侧的种植宜适当后退，以便急救车和搬运车等可驶入住宅。有的步行道路及交叉口可适当放宽，与休息场地结合，形成小景。路旁植树不必都按行道树的方式排列种植，可以断续、成丛地灵活配置，与宅旁绿地、公共绿地互相配合，形成一个相互关联的整体。从树种选择到配置方式均可多样化，以增加识别性。

由于现代建筑业的快速发展，居住区的布置方式和布局手法多种多样，使得居住绿地的规划设计的内容形式也在不断变化，因此，规划设计应视具体情况进行。如在建筑间距较小、建筑用地比较紧张的情况下，甚至不设置居住组团绿地，只是加强宅旁绿地和道路绿地，以增加绿化覆盖面积。在需要一定规模的绿化空间而又不能集中设置较大面积的整块公共绿地时，可采用较低层公共建筑，如幼儿园、青少年活动室、老年活动室等附属绿地集中布置，利用这些附属绿地与宅旁绿地、道路绿地连成一片，形成较大的绿化空间。

参考文献

[1] 张剑，隋艳晖，谷海燕. 风景园林规划设计［M］. 南京：江苏凤凰科学技术出版社，2023.

[2] 谭平安. 现代园林景观设计基础［M］. 武汉：华中科技大学出版社，2023.

[3] 张海燕. 园林景观手绘表现与快速设计园林景观必修课［M］. 北京：化学工业出版社，2023.

[4] 俞昌斌. 风景园林师实操手册［M］. 北京：机械工业出版社，2023.

[5] 何礼华，卢承志. 高职高专园林园艺专业十四五规划教材园林景观设计与施工［M］. 杭州：浙江大学出版社，2023.

[6] 韩阳瑞. 高职高专园林专业规划教材园林工程［M］. 北京：中国建材工业出版社，2023.

[7] 张波. 建筑规划园林研究方法论［M］. 北京：中国建筑工业出版社，2023.

[8] 潘利，姚军. 高职高专园林类立体化创新系列教材园林植物栽培与养护［M］. 第2版. 北京：机械工业出版社，2023.

[9] 任全进，杨虹，于金平. 常见园林观果植物260种图鉴［M］. 北京：化学工业出版社，2023.

[10] 郝培尧，董丽. 江南古典园林植物景观的地域性特色［M］. 北京：中国建筑工业出版社，2023.

[11] 陈洁，郑爽，张慧玲. 版式设计［M］. 北京：清华大学出版社，2023.

[12] 韩冬，丛林林，郑文俊. 景观快题设计［M］. 武汉：华中科技大学出版社，2023.

[13] 韦娜，冯郁. 环境设计工程与技术［M］. 北京：中国建筑工业出版社，2023.

[14] 苏志龙，许纬纬. 园林计算机辅助设计［M］. 昆明：云南大学出版社，2022.

[15] 刘斌，陈丹. 园林景观设计构思与实践应用研究［M］. 西安：西北工业大学出版社，2022.

[16] 刘晶. 现代园林规划设计研究 ［M］. 长春：吉林出版集团股份有限公司，2022.

[17] 史宝胜，陈丽飞. 园林植物学 ［M］. 北京：中国建材工业出版社，2022.

[18] 徐平，隋艺，王静. 现代城市规划中园林景观设计的运用研究 ［M］. 长春：吉林科学技术出版社，2022.

[19] 江明艳，陈其兵. 风景园林植物造景 ［M］. 第 2 版. 重庆：重庆大学出版社，2022.

[20] 郝鸥，谢占宇. 景观规划设计原理 ［M］. 第 2 版. 武汉：华中科技大学出版社，2022.

[21] 赵学强，宋泽华，王云飞. 文化景观设计 ［M］. 北京：中国纺织出版社，2022.

[22] 张杰，龚苏宁，夏圣雪. 景观规划设计 ［M］. 上海：华东理工大学出版社，2022.

[23] 王蔚. 景观施工图设计实用手册 ［M］. 南京：江苏凤凰科学技术出版社，2022.

[24] 汪辉，吕康芝. 居住区景观规划设计（修订版）［M］. 南京：江苏凤凰科学技术出版社，2022.

[25] 孙丹凤. 寒地城市节水型水景艺术设计研究 ［M］. 长春：吉林大学出版社，2022.

[26] 田松，马燕芬，龚莉茜. 风景园林规划与设计 ［M］. 长春：吉林科学技术出版社，2022.

[27] 王植芳，张思，袁伊旻. 园林规划设计 ［M］. 武汉：华中科技大学出版社，2022.

[28] 陈剑，李清昀，朱政财. 风景园林规划与设计 ［M］. 长春：吉林摄影出版社，2022.

[29] 黄东兵. 园林绿地规划设计 ［M］. 第 2 版. 北京：高等教育出版社，2022.

[30] 赵印泉. 风景园林植物景观设计与营造 ［M］. 北京：化学工业出版社，2022.

[31] 高云凤. 园林植物景观设计与应用 ［M］. 第 2 版. 北京：中国电力出版社，2022.